I0131427

Aicha Gasmi
Marc Heran
Ahmed Hannachi

Bioréacteur à membranes immergées : traitement de la pollution azotée

Aicha Gasmi
Marc Heran
Ahmed Hannachi

Bioréacteur à membranes immergées : traitement de la pollution azotée

Bioréacteur membranaire autotrophe : Identification des grandeurs caractéristiques

Presses Académiques Francophones

Impressum / Mentions légales
Bibliografische Information der Deutschen Nationalbibliothek: Die Deutsche Nationalbibliothek verzeichnet diese Publikation in der Deutschen Nationalbibliografie; detaillierte bibliografische Daten sind im Internet über http://dnb.d-nb.de abrufbar.

Information bibliographique publiée par la Deutsche Nationalbibliothek: La Deutsche Nationalbibliothek inscrit cette publication à la Deutsche Nationalbibliografie; des données bibliographiques détaillées sont disponibles sur internet à l'adresse http://dnb.d-nb.de.

Coverbild / Photo de couverture: www.ingimage.com

Verlag / Editeur:
Presses Académiques Francophones
ist ein Imprint der / est une marque déposée de
AV Akademikerverlag GmbH & Co. KG
Heinrich-Böcking-Str. 6-8, 66121 Saarbrücken, Deutschland / Allemagne
Email: info@presses-academiques.com

Herstellung: siehe letzte Seite /
Impression: voir la dernière page
ISBN: 978-3-8381-7858-5

Les travaux présentés dans cette étude ont été réalisés au laboratoire de génie des procédés membranaires de l'Institut Européen des Membranes (IEM-France).

Toute ma reconnaissance et ma gratitude vont à :

- Monsieur GRASMICK Alain, Professeur à l'université Montpellier II, pour avoir dirigé cette investigation et surtout cette thématique passionnante. Je le remercie très sincèrement pour son soutien, sa disponibilité, ses précieux conseils et pour ses grandes qualités humaines.

- Monsieur HNNACHI Ahmed, Maître de Conférences à l'Université de Gabès (Tunisie) et HERAN Marc, Maître de Conférences à l'Université Montpellier II. Je les remercie pour toute la rigueur qu'ils ont apportée à ce travail.

Table des matières

Liste des Tableaux

CHAPITRE IV

Liste des Figures

CHAPITRE I

CHAPITRE II

CHAPITRE III

CHAPITRE IV

Nomenclature

Cv	Charge volumique	kgN/m³/j
Cm	Charge massique	kgN/gMVS/j
COT	Carbone Organique Total	mg/L
DCO	Demande Chimique Totale	mg/L
EPS	Exopolymères	mg/L
F	fonction d'état	-
J	Flux de filtration	L/m²/h
HRT	Temps de séjour de la phase liquide (Hydraulique Retention time)	j
LMH	Unité du flux de filtration	L/m²/h
MES	Matières en Suspension	g/L
MVS	Matières Volatiles en Suspension	g/L
NLR	Charge volumique en azote (Nitrogen Loading Rate)	kgN/m³/j
ORL	Charge volumique en carbone (Organic Loading Rate)	kgDCO/m³/j
OUR	Vitesse de consommation de l'oxygène (Oxygen Uptake Rate)	mgO₂/L/h
OUR$_{endt}$	Vitesse de consommation totale de l'oxygène à l'état endogène	mgO₂/L/h
OUR$_{endaut}$	Vitesse de consommation de l'oxygène à l'état endogène pour les autotrophes	mgO₂/L/h
OUR$_{endhet}$	Vitesse de consommation de l'oxygène à l'état endogène pour les hétérotrophes	mgO₂/L/h
OUR$_{ex}$	Vitesse de consommation de l'oxygène à l'état exogène	mgO₂/L/h
OUR$_{exMax}$	Vitesse de consommation maximale de l'oxygène à l'état exogène,	mgO₂/L/h
PTM	Pression Transmembranaire	Pa
PB	Production des boues	kgMVS$_{produite}$/kgN$_{éliminé.}$
R	Résistance hydraulique	m⁻¹
R$_t$	Résistance hydraulique totale	m⁻¹
R$_m$	Résistance hydraulique de membrane	m⁻¹
R$_g$	Résistance hydraulique de gâteaux de filtration	m⁻¹
R$_{bio}$	Résistance hydraulique de biofilm	m⁻¹
R$_{ads}$	Résistance hydraulique d'adsorption	m⁻¹

S_{NHMax}	Vitesse de nitrification maximale	gN/L/h
TSB	Temps de séjours des boues	j
V	Volume de réacteur	L

Nomenclature utilisée dans le modèle ASM1

Y_A	Taux de conversion autotrophes	
Y_H	Taux de conversion hétérotrophe	$gCOD_{formé} \cdot gCOD_{oxydé}^{-1}$
b_A	Coefficient de décès des autotrophes	$gCOD_{formé} \cdot gN_{oxydé}^{-1}$
b_H	Coefficient de décès des hétérotrophes	j^{-1}
f_p	Fraction de biomasse donnant le produit particulaire	-
i_{XB}	Masse N/masse COD dans la biomasse	$gN\,(gCOD)^{-1}$
i_{XP}	Masse N/masse COD dans le produit de la biomasse	$gN\,(gCOD)^{-1}$
K_s	Coefficient de demi saturation(CDS) au substrat	$gCOD.m^{-3}$
K_{NH}	(CDS) de l'ammonium de l'ammonium des autotrophs	$gNH_3\text{-}N\,m^{-3}$
k_h	Vitesse spécifique Max de l'hydrolyse	$gCOD\,(g\,COD\,day)^{-1}$
K_x	CDS de l' hydrolyse de substrat lentement biodégradable	$g\,(g\,COD\,)^{-1}$
Ka	Vitesse d'ammonification	$m^3\,(g_{COD}\,day)^{-1}$
K_{OH}	Coefficient de demi saturation (CDS) de l'oxygène des hétérotrophes	$gO_2.m^{-3}$
K_{NO}	Coefficient de demi saturation de nitrate	$gNO_3\text{-}N\,m^{-3}$
K_{OA}	CDS de l'oxygène des autotrophes	$gO_2.m^{-3}$
X_{BH}	La biomasse hétérotrophe	gDCO/L
X_{BA}	La biomasse autotrophe	gDCO/L
S_{NH}	Substrat ammoniacal	mgN/L
S_{NHe}	Substrat ammoniacal dans l'alimentation	mgN/L
X_{ND}	Azote organique particulaire	mgN/L
S_{ND}	Azote organique soluble	mgN/L
S_{NO}	Nitrate, Nitrite	mgN/L
X_p	Produit inerte particulaire de décès	mgDCO/L
$Y_{A\,obs}$	Taux de conversion apparent	$kgMVS_{produite}/kgN$ éliminé.

Lettres Grecques

| μ_{Am} | Coefficient maximum de croissance des autotrophes | j^{-1} |

μ_{Hm}	Coefficient maximum de croissance des hétérotrophes	j^{-1}
μ_{Hend}	Coefficient maximum de croissance des hétérotrophes à l'état endogène	j^{-1}
B	la sensibilité de la variable d'état à la variation du paramètre	-
Θ	de la grandeur cinétique étudiée	
A	Résistance spécifique du gâteau de filtration	$m.kg^{-1}$
μ	viscosité dynamique du fluide filtré	(Pa.s).

INTRODUCTION ET CONTEXTE DE L'ETUDE

La vie n'est pas possible sans eau et l'activité humaine nécessite un besoin en eau douce important dont l'usage salit cette eau pour former des eaux dites usées. Hors catastrophes naturelles ou pollutions accidentelles significatives, trois grandes catégories d'eaux usées sont distinguées: les eaux domestiques, les eaux industrielles, les eaux pluviales. Si les charges en pollution des eaux domestiques sont connues (rapportées à un équivalent habitant), les flux polluants transportés par les eaux usées industrielles sont très variables en termes de composition et d'amplitude selon leur origine mais elles font généralement l'objet de traitements spécifiques directement sur le site industriel concerné. La qualité des eaux pluviales dépend très fortement des précipitations, de la nature des activités et du mode d'urbanisation, leur traitement reste rudimentaire et se limite parfois à des simples ouvrages de stockage pour pondérer le flux de ruissellement.

Dans tous les cas, le traitement des eaux usées est devenu un impératif pour limiter la détérioration des ressources naturelles. En effet, le développement des activités humaines s'accompagne inévitablement de besoins en eau croissants mais aussi d'une production croissante de rejets polluants qui peuvent détériorer l'environnement. Les ressources en eau douce sont ainsi de plus en plus concernées par des prélèvements conséquents pour pallier les besoins urbains, industriels et agricoles, mais aussi par des contaminations liées aux rejets d'eaux usées et d'eaux de ruissellement dans le bassin versant concerné, pollution souvent transférée aussi dans les bassins aval. Cette dégradation de la ressource peut non seulement détériorer gravement l'environnement (Louvet J. et al., 2010) mais aussi entraîner des risques majeurs de conflits d'usage, voire de pénurie.

Le nettoyage des eaux usées est donc indispensable pour protéger la ressource. Trop polluées, nos réserves d'eau pourraient ne plus être utilisables pour produire de l'eau potable, sinon à des coûts très élevés du fait de la sophistication et de la complexité des techniques à mettre en œuvre pour en restaurer la qualité. C'est pourquoi il faut "nettoyer" les eaux usées pour limiter le plus possible la prolifération et la dispersion des matières polluantes dans nos réserves. L'assainissement des eaux usées a donc pour objectif de collecter puis d'épurer les eaux sales pour en extraire les polluants identifiés et protéger le milieu naturel dans lequel elles seront rejetées après traitement, voire pour envisager leur réutilisation sous contraintes de qualités d'usage définies.

La consommation d'eau a été multipliée par 7 au cours du XXème siècle à l'échelle mondiale et ce phénomène va s'accélérer au regard de l'explosion démographique prévue pour les prochaines décennies. Le volume d'eau douce accessible étant limité (1% du volume total d'eau douce qui, lui-même ne représente que 2,5% de l'eau totale sur terre, Field et al., 2007), il est donc indispensable de modifier l'usage de l'eau, voire envisager l'utilisation obligatoire de ressources palliatives telles les eaux usées après traitement. Cette raréfaction et l'épuisement de ressources touchent aussi d'autres matières premières et ressources fossiles (hydrocarbures, métaux précieux, terres rares mais aussi Phosphore pourtant indispensable pour maintenir une agriculture conforme au développement de la population). Beaucoup de procédés existent pour le traitement des eaux usées, qu'ils soient extensifs (pour des flux limités) ou intensifs (grande ville et milieux industriels). Ils permettent généralement de répondre à des contraintes réglementaires définies pour la protection du milieu récepteur. Ils ne sont pas toujours suffisants pour éliminer une pollution réfractaire dispersée, voire pour envisager l'eau traitée comme une ressource d'eau douce palliative. De par leur grande sélectivité, l'introduction assez récente des procédés membranaires en traitement des eaux a ouvert des perspectives intéressantes en terme de qualité obtenue des eaux traitées (désinfection poussée par exemple par la présence d'une barrière de Micro MF et Ultra Filtration UF).

Dans le cas d'eaux usées contenant majoritairement des fractions polluantes bio-assimilables (eaux usées urbaines, effluents d'industries alimentaires mais aussi pharmaceutiques…), le développement des bioréacteurs à membrane (BRM) apporte une première réponse à ce problème en permettant (i) l'intensification du procédé d'épuration au travers d'une réduction significative du volume des unités et (ii) une clarification extrême et fiable des eaux traitées, indépendamment de leur qualité initiale favorable une réutilisation de celles-ci à proximité du site d'utilisation. Le frein au développement de ce procédé reste néanmoins lié à (i) un coût de fonctionnement élevé (notamment dû aux besoins de maîtrise de la perméabilité membranaire en cours d'opération), (ii) un dimensionnement toujours axé sur la dégradation des polluants et non sur une voie visant la récupération des produits et d'énergie (procédés d'épuration à énergie positive permettant une qualité d'usage définie de l'eau traitée et la récupération de co-produits non dégradés tels les composés azotés et phosphatés utiles comme engrais notamment).

Ce travail développé dans mon projet de doctorat repose sur une idée initiale de l'équipe de recherche de l'IEM Montpellier développée dans le projet CreativERU financé dans le cadre du programme de recherche ECOTECH supporté par l'Agence Nationale de la Recherche ANR. Ce travail associe dans sa réalisation quatre équipes françaises (IEM Montpellier, LBE INRA Narbonne, LISBP de l'INSA Toulouse et VERI Veolia Environnement Maisons Laffitte) et quatre équipes chinoises rattachées aux quatre Universités suivantes : Pekin, Tsinghua, Tongji et Tianjin). Mon travail de doctorat a par ailleurs fait l'objet d'un soutien financier dans le cadre du programme Averroès (soutien financier pour mes séjours en France dans le cadre d'une collaboration entre l'Université Montpellier 2 et l'Université de Gabès en Tunisie) avec un soutien complémentaire de l'AUF qui a permis le financement de ma dernière année de doctorat.

L'objet de ce travail est focalisé sur le premier point indiqué ci-dessus comme frein au développement des BRM, notamment en traitement d'eau usée urbaine : *comment minimiser le coût de fonctionnement d'une filière intensive de traitement d'eau usée urbaine, incluant un BRM pour assurer une qualité sanitaire imposée de l'eau traitée pour réutilisation ?*

Le surcoût de fonctionnement d'un BRM immergé a pour origine essentielle la dépense d'énergie liée à la maîtrise de la perméabilité membranaire par aération. La littérature montre les liens qui existent entre concentration en biomasse dans le réacteur et présence de produits microbiens solubles liés à l'activité bactérienne. Réduire la demande en énergie signifie réduire l'aération membrane, voire l'aération process liée aux besoins en oxygène des populations épuratrices. Pour ce faire, il est donc déterminant de réduire l'activité biologique au sein du réacteur sans pour autant dégrader la qualité de l'eau traitée. Pour répondre à ce défis, il a été décidé d'associer le BRM à un prétraitement physico-chimique dont l'objet est de retenir une grande part de la matière organique (mais aussi probablement les phosphates), le BRM n'ayant alors pour rôle que de traiter le résiduel de matière organique et d'éliminer les composés azotés peu retenus par précipitation physico-chimiques.

Il est alors possible de :

- Modifier l'équilibre écologique au sein du BRM avec pour conséquence une diminution de la dynamique de colmatage et donc de l'énergie d'aération associée
- Diminuer la demande en oxygène des populations épuratrices qui n'ont plus à oxyder la fraction organique retenue dans le procédé amont par précipitation
- Favoriser une production d'énergie par digestion des boues très fermentescibles issues du traitement physico-chimique. Ce point associé à une demande d'aération process et membrane plus faible, devrait améliorer très sensiblement le bilan énergétique de la filière de traitement proposée.
- récupérer des nutriments de l'eau extraite des étapes de déshydratation des boues digérées.

Ce travail de thèse a concerné le premier point : analyse du comportement d'un bioréacteur à membranes immergées alimenté par un substrat appauvri en matière organique (les autres partenaires ayant en charge les autres points). Après un traitement physico-chimique, 60 à 80% de la matière organique ont été extraits de l'eau alors que seulement 10% de la fraction azotée ont pu aussi être retenus. L'eau entrant dans le BRM est donc plus faiblement concentrée en carbone organique mais garde une composition en composés azotés

18

pratiquement inchangée par rapport à l'eau brute. Elle peut donc être caractérisée par un ratio Corg/N plus faible qui devrait favoriser au sein du BRM un milieu de culture d'autant plus riche en cultures autotrophes que le rapport Corg/N est faible. Le BRM pourrait alors être défini comme un AutoMBR.

Le travail a donc été centré sur les performances de l'AutoMBR en termes de réactions d'élimination des fractions polluantes, Cinétique de la population nitrifiante et de dynamique de colmatage. Les résultats de ce travail sont synthétisés dans ce mémoire organisé autour de quatre parties:

- Une synthèse bibliographique analysant les principaux travaux concernant le traitement de l'azote par BRM et incluant la présentation des cinétiques décrivant l'activité des populations autotrophes et les outils de modélisation classiques utilisés pour simuler le fonctionnement d'un réacteur biologique.
- La description du matériel et méthodologies utilisés dans cette étude en intégrant la description des dispositifs et protocoles expérimentaux et les techniques analytiques pour le suivi des performances biologiques et séparatives.

La présentation des résultats obtenus dans le cadre de ce travail:

- Un chapitre sera porté sur l'étude de performance biologique et la modélisation de BRM : il est devisé en trois sections (i) étude expérimentale (ii) déterminations des paramètres cinétiques et stœchiométriques (iii) modélisation en régimes permanent afin de calculer les concentrations des espèces épuratives.
- Un quatrième chapitre sera consacré pour l'étude de la dynamique de colmatage dans le bioréacteur à membranes autotrophe.

CHAPITRE I

SYNTHESE BIBLIOGRAPHIQUE

I.1 Traitement de l'eau usée- Traitement de l'azote

I.1.1 Pollution azotée

L'azote en particulier sous forme ammonium, est le polluant étudié dans cette thèse. Le cycle de transformation biologique de l'azote est donné sur la figure I.1. Le cycle d'azote dans le milieu aqueux est le résultat de conversion successive entre les différentes formes selon les conditions locales d'oxydation.

L'azote est un nutriment essentiel pour la vie végétale, microbienne, et animale. L'azote existe à différents stades d'oxydation pouvant être représentés par la figure I.2.

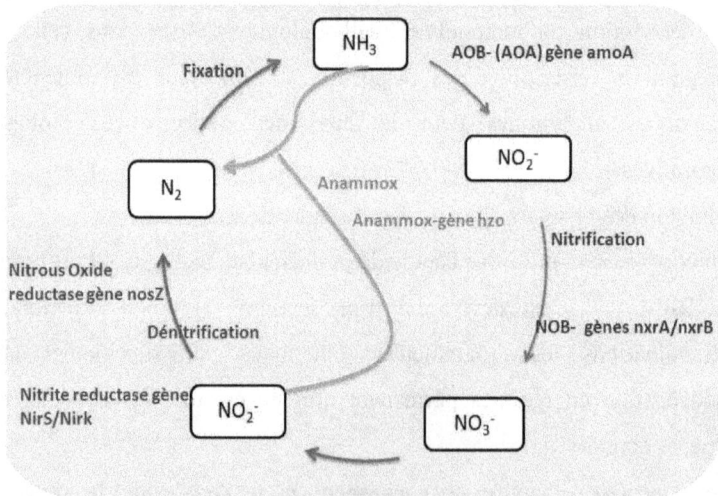

Figure I.1 Processus inclus dans le cycle de l'azote.

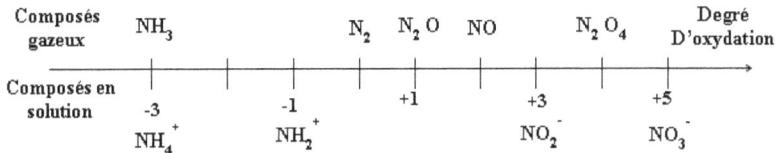

Figure I.2 Degré d'oxydation de formes azotées.

Les principales réactions impliquées dans le cycle de l'azote sont l'ammonification qui transforme l'azote organique en azote ammoniacal, la nitritation suivie de la nitratation qui correspondent à l'oxydation de l'azote ammoniacal en nitrites puis nitrates, la dénitrification qui permet en condition anoxie la réduction des nitrites ou nitrates en azote gazeux, et les réactions d'assimilation nécessaires au développement des espèces vivantes. Selon les conditions, il est toutefois possible de voir apparaître dans le milieu des composés intermédiaires de réaction tels que le protoxyde et le monoxyde d'azote (Chandran et al., 1999). Bien que l'azote soit un élément essentiel du métabolisme des espèces, l'accumulation excessive de ses formes minérales dans les écosystèmes terrestres et océaniques peut être à l'origine de dysfonctionnements graves tels l'eutrophisation et l'empoisonnement des espèces vivant dans les milieux récepteurs.

L'industrialisation a entraîné une augmentation de flux émis en azote. L'oxyde nitreux (N_2O), également intermédiaire des étapes de nitrification et dénitrification, est un gaz à effet de serre et, bien qu'il ne soit pas aussi abondant dans l'atmosphère que le CO_2, il peut contribuer de manière significative au phénomène du réchauffement climatique.

En traitement des eaux, la présence d'ions ammonium peut engendrer une réduction de l'efficacité de désinfection par le chlore par réaction concurrentielle, celle des nitrites et nitrates suivant (i) mobiliser des cations (Aluminium par exemple) avec des effets toxiques pour la faune et la flore et (ii) provoquer la colonisation des installations (tuyauteries notamment) par des micro-organismes nitrifiants avec une possibilité de relargage de métabolites et de corrosion des installations en raison de la présence d'acides nitreux et nitriques si le pH n'est pas correctement régulé (Chandran et al., 1999).

Sauf dans les nappes présentant des temps de rétention hydraulique très élevés, la présence des ions ammonium, nitrite et nitrate est essentiellement d'origine anthropique. Pour minimiser cette présence, il paraît indispensable de contrôler ces rejets en imposant une législation adéquate.

I.1.2 Réglementation

Des directives sont mis afin de mettre en œuvre des réglementations relative à l'eau destinée à la consommation humaine ou relative au rejet des stations des eaux usées. La directive 98/83/CE fixe au niveau européen des exigences à respecter au sujet de la qualité des eaux destinées à la consommation humaine. Le seuil sanitaire en azote est de 50 mg $N-NO_3/L$. Pour limiter par exemple l'influence des rejets domestiques sur la qualité des milieux récepteurs, la directive européenne « nitrates » 91/676/CE du 12/12/1991 a été retranscrite en droit français par l'arrêté du 22 décembre 1994. Le tableau I.1 donne les concentrations maximales admissibles pour différentes grandeurs caractérisant les flux matières dans les rejets des stations d'épuration urbaine et industrielle. Ces exigences sont exprimées en termes de concentrations maximales ou en rendement d'élimination.

Tableau I.1 Les normes des rejets en azote des stations d'épuration urbaines en zones sensibles en France.

Equivalent habitant (e.a)	Concentration en mgN/L	% réduction
10^4-10^5	15	80
$>10^5$	10	70-80

I.1.3 Différents procédés utilisés en traitement des composés azotés

Selon la forme du composé azoté dans l'eau, sa concentration et la nature de la solution à traiter, il pourra être distingué plusieurs types de traitement :

- Extraction des composés sans destruction par exemple :
  - par stripage du composé NH_3 d'un effluent industriel en présence d'un pH élevé, mais ce n'est alors qu'un transfert de pollution de l'eau vers l'atmosphère

22

- o Extraction par échange d'ions en traitement d'eau de consommation chargée en nitrates, il reste alors à traiter ou valoriser les éluats très chargés en nitrates après régénération des résines

- Destruction du composé initialement présent par voie physico-chimique ou biologique :

    - o Oxydation de l'ion ammonium par chloration en eau de consommation

    - o Oxydation / Réduction des composés azotés par voie biologique dans le cas des eaux usées urbaines par exemple.

Dans ce dernier cas, les composés polluants présents dans les eaux usées urbaines sont, pour la plupart, assimilables par des cultures biologiques épuratives. Le choix d'une filière biologique est donc généralement le plus adapté pour le traitement de ces effluents, d'autant que ce choix induit une réduction du flux de co-produits solides du fait de transfert de certaines espèces chimiques stabilisées (CO_2, N_2) vers la phase atmosphérique. Les performances des filières biologiques peuvent être très poussées au regard de l'élimination des fractions organiques, particulaires, azotées, voire phosphatées. Il est possible aussi de mettre en place des filières physico-chimiques (notamment pour les communes à populations variables). Ces filières, très performantes vis-à-vis des polluants particulaires (>95% d'abattement), voire vis-à-vis des fractions organiques et phosphatées (70 à 85%), restent néanmoins très limitées par rapport à la pollution azotée (10% d'élimination au plus). Pour éliminer l'azote, il faut alors coupler ces filières avec des procédés biologiques en aval.

Ainsi, en traitement d'eau, l'élimination des composés azotés repose pour l'essentiel sur des voies biologiques. D'une façon générale, celles-ci peuvent être divisées en deux grandes familles :

- Les procédés extensifs (lagunage, lits d'infiltration) dans lesquels les processus dépendent du procédé choisi et les vitesses de transferts et de réactions sont très proches des observations faites en milieu naturel.

- Les procédés intensifs (boues activées, lits bactériens à ruissellement, biodisques, biofiltres, bioréacteur à membranes) dans lesquels une intensification des transferts et des réactions a lieu et permet de réduire significativement la taille des unités aux dépens d'une consommation énergétique accrue notamment pour la fourniture d'oxygène nécessaire à l'oxydation initiale de l'ion ammonium en nitrite puis nitrate.

Les mécanismes élémentaires de transformation des formes azotées par voie biologique sont rappelés dans le paragraphe suivant.

I.1.4 Mécanismes contribuant au traitement de l'azote

Les mécanismes contribuant au traitement ainsi que les gènes responsable à chaque transformation sont donnés sur la figure I.2, l'explication des diverses étapes est donnée au paragraphe dans ce qui suit.

I.1.4.1 Ammonification

L'azote organique dans les eaux usées urbaines est principalement formé d'urée et d'acides aminés. Sous l'action d'enzymes hydrolytiques notamment, cet azote organique est transformé par ammonification en composé ammoniacal. Cette réaction a lieu dans un milieu oxydant et/ou réducteur (réseau d'assainissement, réacteur biologique aérobie, fermenteur) selon la réaction suivante (Gougoussis, 1982):

$$CO(NH_2)_2 + H_2O \rightarrow CO_2(N_2H_6) \rightarrow 2NH_3 + CO_2 + CO_2 \qquad [\ I.1]$$

I.1.4.2 Assimilation

La réaction d'assimilation est liée au développement des espèces, elle correspond aux besoins en nutriments de la population épurative. Elle est souvent représentée par exemple par des ratios C/N/P.

Après le Carbone, l'oxygène, et le phosphore, l'azote est un des éléments majeurs de la reproduction d'une cellule bactérienne, en représentant environ 12 % de sa matière sèche L'assimilation, au sens large (incluant notamment la séquestration de l'azote organique particulaire réfractaire), conduit à une élimination de l'ordre de 10 à 25% de l'azote initialement présents dans les eaux brutes urbaines selon les procédés mis en place (Deronzier et al., 2001).

24

I.1.4.3 Réactions d'oxydoréduction permettant de réduire la masse d'azote en solution

L'élimination de la fraction azotée présente dans une eau passe donc par différents stades de transformation dans lesquels, après l'ammonification, deux étapes sont essentielles :

- La nitrification qui transforme l'ion ammonium en ions nitrate mais sans pour autant diminuer la teneur globale en azote dans l'eau. Elle nécessite des conditions aérobies et se divise elle-même en deux étapes principales : (i) la nitritation puis (ii) la nitratation, toutes deux réalisées par des espèces bactériennes autotrophes, la présence d'une source de carbone minérale dans l'eau est donc indispensable.

- La dénitrification consiste à réduire l'azote nitrate en azote gazeux, c'est l'étape qui permet de réduire la teneur globale en azote dans l'eau par transfert de l'azote gazeux inerte vers l'atmosphère. Elle est essentiellement effectuée par voie anoxie sous l'action de cultures hétérotrophes, la présence d'une source de carbone organique est alors indispensable.

Notre travail étant axé essentiellement sur la nitrification, seul ce premier stade sera présenté dans le paragraphe suivant.

I.1.4. 3.1 Nitrification biologique

La nitrification est définie comme étant la conversion de composés azotés réduits (organiques ou inorganiques) en éléments dans lesquels l'azote est dans un état plus oxydé. La nitrification est généralement réalisée par des micro-organismes autotrophes qui utilisent le carbone minéral (HCO_3^-, CO_2) comme source de carbone, des molécules inorganiques (NH_4^+, NO_2^-) comme source d'énergie (donneurs d'électrons) et l'oxygène comme accepteur final d'électrons dans la chaîne respiratoire. La nitrification est en fait une série de réactions biologiques successives convertissant l'ammonium en hydroxylamine (NH_2OH), puis en nitrites et finalement en nitrates. Des voies intermédiaires entre NH_2OH et NO_2^- pourraient être à l'origine de la production et de l'émission des gaz N_2O et NO parfois identifiés au cours de la nitrification.

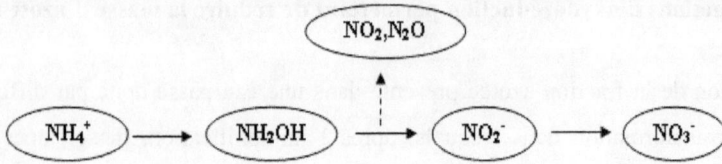

Figure I.3 Oxydation de l'azote ammoniacal au cours de la dénitrification.

Les analyses microbiologiques ont permis d'identifier les espèces dominantes notamment les deux genres de bactéries autotrophes nitrifiantes, Nitrosomonas et Nitrobacter, réalisant respectivement l'oxydation de l'ammonium en nitrite et l'oxydation du nitrite en nitrate (Winogradsky, 1890). En condition aérobie, la nitrification peut être représentée par la réaction suivante :

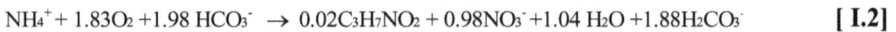

$$NH_4^+ + 1.83O_2 + 1.98\ HCO_3^- \rightarrow 0.02C_3H_7NO_2 + 0.98NO_3^- + 1.04\ H_2O + 1.88H_2CO_3^- \qquad [\textbf{I.2}]$$

En réalité, cette réaction s'effectue en deux étapes successives :

- oxydation de l'ammonium en nitrites par *nitrosomonas,* bactéries nitritantes,
- oxydation des nitrites en nitrates par *nitrobacter,* bactéries nitratantes.

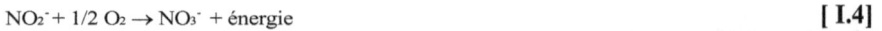

$$NH_4^+ + 3/2\ O_2 \rightarrow NO_2^- + H^+ + énergie \qquad [\textbf{I.3}]$$

$$NO_2^- + 1/2\ O_2 \rightarrow NO_3^- + énergie \qquad [\textbf{I.4}]$$

L'étape de nitritation produit 270 kJ/mol $N-NH_4^+$ oxydé, et l'étape de nitratation apporte 80 kJ/mol $N-NO_2^-$ oxydé (Henze et al. 1997). Ce faible rendement énergétique conduit à des taux de croissance bactérienne faibles par rapport aux espèces hétérotrophes.

L'équation globale permet de connaître les conditions stœchiométriques favorables à la réaction. L'oxydation d'un gramme d'azote ammoniacal nécessite ainsi 4,57 g d'oxygène soit 3,43 $gO_2.g^{-1}$ $N-NH_4^+$ pour la nitritation et 1,14 $gO_2.g^{-1}$ $N-NO_2^-$ pour la nitratation (d'où l'intérêt potentiel de développer le shunt des nitrates pour réduire les besoins en énergie, (Turk et Mavinic, 1986). Elle nécessite aussi l'apport de carbone minéral (8,7$gHCO_3^-/gN-NH_4^+$ oxydé), une régulation de pH, et une croissance cellulaire modérée au regard des taux de croissance observés en culture hétérotrophe (0,04-0,13gMVS/gN-NH$_4^+$ oxydé) (Plisson, 1996).

I.1.4.3.2 Caractéristiques de croissance des bactéries autotrophes

Une grande proportion de l'énergie générée par l'oxydation de l'ammonium ou du nitrite est utilisée pour générer du pouvoir réducteur, indispensable pour la fixation du CO$_2$; le reste est utilisé pour la croissance cellulaire (Figure I.4) pour l'une ou l'autre des populations nitrifiantes.

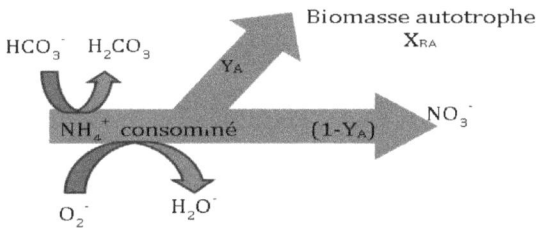

Figure.1.4 Métabolisme des deux groupes de bactéries

Pour décrire la dynamique de croissance des espèces, il est souvent choisi des modèles simples montrant l'évolution du taux de croissance d'une population μ en fonction des concentrations en éléments limitants dans la solution, sous la forme de relations homographiques (telle la relation de MONOD). Pour les cultures autotrophes nitritantes, cela peut s'écrire sous la forme suivante (IAWPCR, 1987) :

$$\mu_A = \mu_{Am}[\frac{S_{NH}}{K_{NH}+S_{NH}}][\frac{O_2}{K_{OA}+O_2}] \qquad (I.1)$$

Avec

μ_{Am}: Taux de croissance maximal des bactéries nitrifiantes (/t)

S_{NH}: Concentration d'azote ammoniacal (mgN/L)

K_{NH} : Concentration d'azote ammoniacal pour laquelle $\mu_A = \mu_{Am}/2$ (mg/L)

O_2 : Concentration d'oxygène dissous (mgO$_2$/L)

K_{OA} : Concentration d'oxygène dissous pour laquelle $\mu_A = \mu_{Am}/2$ (mg/L)

Le taux maximal de croissance, constant pour un pH et une température donnés, représente la potentialité maximale de croissance des micro-organismes lorsque les différents substrats sont non limitants et en absence d'inhibition. Pour les populations autotrophes, ce taux de croissance est nettement inférieur à celui des bactéries hétérotrophes qui se développent aux dépens du substrat organique. Cette relation montre que le taux réel de croissance d'une culture est dépendant des concentrations en substrats dans le milieu, notamment celles de l'azote ammoniacal et de l'oxygène.

L'équation I.1 fait apparaître le coefficient d'affinité (appelé aussi coefficient de demi-saturation) de la biomasse pour un substrat S (K_{NH}). La valeur de ce coefficient donne généralement une indication sur les limitations diffusionnelles du substrat dans l'environnement local (tissu membranaire, agrégat) des bactéries nitrifiantes. Lorsque le substrat est en concentration élevée dans le milieu, l'influence de ce paramètre peut être négligé et l'on tend vers une vitesse indépendante de la concentration pour se rapprocher (sans inhibition) d'un taux de croissance proche de sa valeur maximale, à l'inverse, pour de faibles concentrations en substrat, la croissance cellulaire peut apparaître comme proportionnelle à la concentration en substrat limitant.

I.1.4.3.3 Facteurs influençant la croissance et l'activité des bactéries nitrifiantes

D'une manière générale, la croissance des bactéries nitrifiantes est contrôlée par un certain nombre de paramètres : disponibilité du substrat, température, oxygène dissous et pH pour lesquels il existe une limite de tolérance et un optimum.

i) Influence de l'oxygène sur la nitrification

L'oxygène dissous est utilisé comme un accepteur final d'électrons par les bactéries nitrifiantes pour réaliser les réactions de nitrification. La constante d'affinité (K_{OA}) pour l'oxygène est faible pour les espèces nitrifiantes ce qui signifie que des concentrations de 2 à 3 mg/L d'oxygène dissous durant les phases d'aération sont largement suffisantes pour maximiser la vitesse de nitrification (Hocaoglu et al., 2011). En comparant la sensibilité de deux types de bactéries envers l'oxygène, on remarque que les bactéries nitratantes sont plus sensibles aux faibles concentrations en oxygène dissous que les bactéries nitritantes ; cette tendance est confirmée par les travaux (Huang et al., 2010) qui ont observé une accumulation de nitrites et une augmentation du taux de croissance des nitritants pour des concentrations en oxygène dissous d'environ 0,5 mg $O_2.L^{-1}$.

ii)Influence de la charge organique appliquée

La charge à appliquer doit être suffisamment faible pour permettre la croissance et le maintien des bactéries autotrophes dans la culture mixte. En effet, Gupta et al., (2007) rapportent que de fortes charges organiques impliquent un pourcentage de nitrification plus faible. Ceci est expliqué par le fait que chaque cellule autotrophe, évoluant dans un environnement complexe, est entourée par des cellules hétérotrophes qui consomment l'ammoniaque et l'oxygène, entrant alors en compétition avec les bactéries nitritantes. La charge organique semble avoir alors un effet inhibiteur sur l'oxydation de l'ammoniaque.

iii) Influence de la Température

La nitrification est, comme tout processus bio- chimique, est sensible à la température et aux substrats présents. La vitesse de réaction la plus lente étant celle de nitritation, c'est celle-ci qui régira la cinétique globale de nitrification. Les deux espèces nitrifiantes sont influencées par la température : la vitesse maximale de croissance et l'affinité augmentent avec la température. Cependant, à forte température (supérieure à 30°C), la vitesse maximale de croissance des bactéries nitritantes devient supérieure à celle des bactéries nitratantes (knowles, 1985).

La température peut également intervenir de façon indirecte sur la nitrification en modifiant la concentration en oxygène dissous. En effet la constante de demi-saturation en oxygène azote ammoniacal (K_{OA}) semble être influencée par la température (ce qui peut être en lien avec la diffusivité des substrats au travers des membranes cellulaires). La température influence également le taux de croissance et le coefficient de décès de la biomasse nitrifiante selon les équations 1.2 et 1.3 :

$$b_{A,T} = b_{A,20}\theta_{bA}^{T-20} \tag{I.2}$$

29

$$\mu_{A,T} = \mu_{A,20}\theta\mu_{\mu A}^{T-20} \tag{I.3}$$

Des valeurs indicatives des coefficients sont données dans le tableau I.2

Tableau I.2 Valeur des coefficients en littérature.

θ_{bA}	$\theta\mu_A$	Références
1.072	1.103	Valeur par défaut (Henze et al 1992)
1.027	1.059	Cemagref (Choubert et al.2005; Amarquot 2006)

iv) Influence de pH

La vitesse de nitrification n'est pas influencée par le pH dans une gamme comprise entre 7,2 et 8,5 (Morkved et al., 2007). Un pH un peu plus acide ou un peu plus basique peut la ralentir. La réaction d'oxydation de NH_4^+ en NO_2^- produit deux protons et entraîne donc une acidification du milieu.

L'impact du pH porte, d'une part, sur le taux de croissance des bactéries nitrifiantes, et, d'autre part, sur les équilibres acido-basiques des couples NH_4^+/NH_3 et HNO_2/NO_2^-. En effet d'après Chot et al., (2005), l'ammoniac (NH_3) et l'acide nitreux (HNO_2) dont les concentrations sous forme libre sont dépendantes du pH, sont inhibiteurs pour les micro-organismes nitrifiants. Ainsi à un pH élevé, la teneur en NH_3 est relativement importante du fait du déplacement de l'équilibre NH_3/NH_4^+. Inversement à pH faible, c'est la teneur en HNO_2 qui est prédominante du fait du déplacement de l'équilibre NO_2^-/HNO_2. Anthonisen et al., (1976) ont établi des zones de concentrations limites supportables par les micro-organismes pour les cultures en suspension : les bactéries nitratantes sont inhibées pour des taux allant de 0,1 à 1 g de $N-NH_3.L^{-1}$ à pH > 8, alors que les bactéries nitritantes supportent jusqu'à 10 à 150 g $N-NH_3.L^{-1}$. La figure I.5 résume les effets du pH et des concentrations en azote ammoniacal et en azote nitrique sur la nitrification.

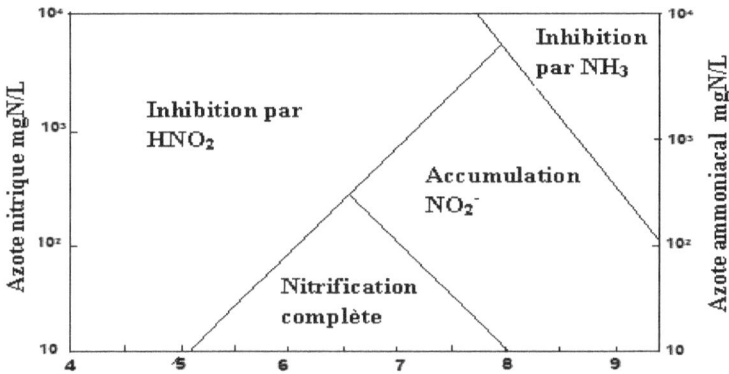

Figure I.5 Effet du pH sur le processus de nitrification (Anthonisen et al ,(1976)).
L'inhibition par les différentes formes de substrat peut être schématisée à la figure I.6
ci-dessous

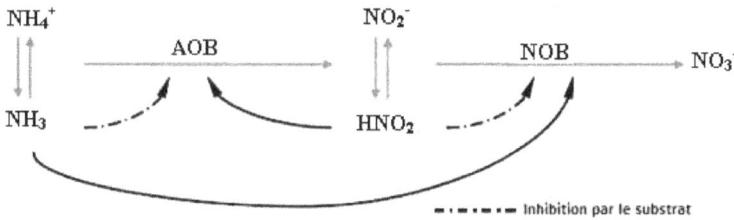

FigureI.6 Inhibition de processus de nitrification due à l'ammoniaque et l'acide
nitrique.

L'influence de chaque forme en azote est détaillée ci-après :

- *Inhibition par le substrat:* En générale les concentrations optimales varient de
2 à 10 mM et de 2 à 30 mM sont optimales (Bock et al., 1986) respectivement
pour NH_4^+ et NO_2^-. Les bactéries nitrifiantes peuvent être inhibées par leur
propre substrat ainsi que par leurs produits d'oxydation. En effet le nitrite
devient un rétro-inhibiteur de la nitritation lorsqu'il atteint de très fortes
concentrations, il inhibe l'ammonium monooxygyénase (Sumer et al., 1995).
De plus les produits d'oxydation, nitrite et nitrate, sont inhibiteurs à des
concentrations respectivement de 300mgN-NO_2^-/L pour le genre Nitrosomonas
et 4000mgN-NO_3^-/Lpour le genre Nitrobacter (Bock et a.,l 1989). Toutes fois
de telles valeurs sont peu observées dans l'environnement.

- *Influence de NH₃* : L'apparition de NH_3 dans le milieu biologique est fortement lié à la valeur de pH comme le montre la figure I.5 ou peut-être liée à une forte concentration en azote ammoniacal dans l'eau. Cependant, il existe une concentration seuil à partir de la quelle NH_3 sera un inhibiteur pour les bactéries. Abeling et Seyfried, (1992) ont montré qu'une concentration de 1 à 5 mg $NH_3.L^{-1}$ permettait d'inhiber la nitratation et pas la nitritation. Des chercheurs (Anthonisen, 1976; Balmelle et al., 1992) montrent que l'inhibition des Nitrobacter et par la suite la nitration se produit pour des concentrations faibles de l'ordre de 0,1 à 1mgN-NH₃/L. Cependant des valeurs plus élevées sont rapportées dans d'autres études. En effet Mauret et al., (1996) ont obtenu une inhibition de la nitratation pour des concentrations qui s'élève à 8,9 mgN/L. Wong-Chong et Loehr, (1978) et Turk et Mavinic, (1989) ont observé des bactéries *Nitrobacter* acclimatées pouvant tolérer jusqu'à 40 mg $N-NH_3.L^{-1}$ alors que des populations mixtes non acclimatées étaient inhibées à partir d'une concentration de 3,5 mg $N-NH_3.L^{-1}$. Cependant d'autres chercheurs ont remarqué un effet combinatoire de la température et la concentration en NH_3. En effet Balmelle et al., (1992) ont montré que une concentration de 2 à 5 mgNH₃/L et sous une température de 10 à 20 °C il n y a pas une inhibition de la nitratation. Mais au-delà d'une température de 25°C une diminution de l'activité des Nitrobacter est remarqué.

Outre, Pour obtenir une accumulation de nitrite stable, il faut éviter toute inhibition des bactéries Nitrosomonas par NH_3.

La concentration seuil d'inhibition de la nitritation diffère d'une étude à l'autre. Pour Anthonisen et al., (1976), l'ammoniaque libre commence à inhiber *Nitrosomonas* à partir de 10 mg $N-NH_3.L^{-1}$.Alors que Abeling et Seyfried, (1992) ont noté une inhibition de la nitritation à partir de 7 mg $NH_3.L^{-1}$.

- *Influence de HNO₂*: De même l'apparition de l'acide nitreux est en relation avec la valeur de pH de a solution selon l'équilibre acido-basique avec le nitrite NO_2 (Figure I.6). Selon Anthonisen et al., (1976), des concentrations de HNO_2

situées entre 0,22 et 2,8 mg $HNO_2.L^{-1}$ sont suffisantes pour inhiber les organismes nitrifiants.

- *Influence de l'hydroxylamine NH₂-OH* : L'accumulation de l'hydroxylamine dans un système nitrifiant avec de fortes concentrations est probable en cas de forte concentration en azote ammoniacal, une faible concentration en oxygène et un pH élevé. Stüven et al., (1992) ont montré une totale inhibition des bactéries nitrite-oxydantes par seulement 1 mg $NH_2OH.L^{-1}$.

- *Autres inhibiteurs à la nitrification* : La nitrification est inhibée aussi par une large variété de composés. Les métaux lourds (comme le cuivre, le nickel, le cobalt, le zinc et le plomb), les amines, les phénols, les composés cycliques azotés et des molécules contenant du soufre sont des inhibiteurs spécifiques de la nitrification. Le plus violent est l'allythiouré noté (ATU) inhibiteur des bactéries ammonio-oxydantes et le sodium azide ou le sodium chlorate (ClO_3^-) qui sont tous deux inhibiteurs des bactéries nitrite-oxydantes.

La méthode de culture microbiologique traditionnelle a ainsi mis en évidence la prédominance des genres *Nitrosomonas* pour la réaction de nitritation et de *Nitrobacter* pour la nitratation. Cependant, cette approche simplifiée est complétée par le développement des techniques de marquage moléculaire (Stankiewicz et al., 2009). En effet, en microbiologie classique les micro-organismes sont généralement enrichis et cultivés en conditions non-limitantes (fortes concentrations en substrat et en oxygène dissous), et dilués dans le but de n'avoir qu'une seule colonie par boîte de culture. Cela favorise les bactéries à taux de croissance et taux de rendement élevés, et les bactéries capables de se développer individuellement. La microbiologie moléculaire apporte en plus des informations sur les espèces minoritaires dont la présence peut expliquer aussi l'apparition de voies secondaires liées à des conditions locales particulières au sein de consortium microbien et du réacteur.

I.1.4.4 Dénitrification biologique

La réaction d'assimilation de matière organique par les bactéries hétérotrophes en l'absence d'oxygène dissous et de présence de nitrates peut être représentée par la réaction suivante:

33

Matière organique + Bactéries $\rightarrow$ Nouvelles bactéries $+N_2$ $+H_2O$ + CO_2 [I.5]

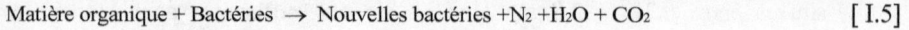

Cette réaction est dite « de dénitrification » car elle se traduit par la réduction des nitrates en azote moléculaire (N_2) gaz qui retourne à l'atmosphère, avec pour intermédiaire le nitrite, l'oxyde nitrique et l'oxyde nitreux (ou protoxyde d'azote), tel que détaillé dans le schéma réactionnel suivant :

$$\underset{\text{Nitrate}}{NO_3^-} \xrightarrow{NAR} \underset{\text{Nitrite}}{NO_2^-} \xrightarrow{NIR} \underset{\text{Oxyde nitrique}}{NO} \xrightarrow{NOR} \underset{\text{Oxyde Nitreux}}{N_2O} \xrightarrow{N2OR} \underset{\text{Diazote}}{N_2}$$ [I.6]

Chaque étape est catalysée par une enzyme particulière : nitrate réductase (NAR), nitrite réductase (NIR), oxyde nitrique réductase (NOR) et enfin oxyde nitreux réductase (N_2OR). Les bactéries hétérotrophes anaérobies utilisent le nitrate et le nitrite (au lieu de l'oxygène) comme accepteurs finaux d'électrons dans des conditions anoxiques (« respiration des nitrates »). De nombreuses bactéries, environ 50 % des espèces présentes en station d'épuration, seraient susceptibles d'effectuer cette « respiration des nitrates ». La dénitrification biologique peut être décrite par la réaction globale suivante :

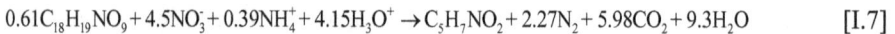

$$0.61C_{18}H_{19}NO_9 + 4.5NO_3^- + 0.39NH_4^+ + 4.15H_3O^+ \rightarrow C_5H_7NO_2 + 2.27N_2 + 5.98CO_2 + 9.3H_2O$$ [I.7]

Cette réaction de dégradation de la matière organique, toutes autres conditions égales par ailleurs, est plus lente que celle qui se produirait en présence d'oxygène. Elle est d'autant plus lente que le carbone disponible est moins rapidement biodégradable. L'équation I.7 montre que :

-   La dénitrification d'un gramme d'azote nitrique assure une dégradation de substrat carboné équivalente à celle obtenue avec 2,85 g d'oxygène,
-   La dénitrification assure une restitution d'alcalinité égale à la moitié de la consommation nécessaire à la nitrification : 1 kg d'azote nitrique dénitrifié est de ce point de vue équivalent à l'addition de 1,95 kg de chaux vive CaO.

I.2 Modélisation d'un réacteur biologique

Un modèle est une formalisation mathématique qui permet la description d'un phénomène, de manière simplifiée, dans le but de comprendre et/ou d'agir sur celui-ci. Ainsi, les principaux objectifs des modèles sont :

- Représenter le mieux possible les étapes de fonctionnement d'un système réel, en simplifiant, si nécessaire, la complexité du système pour ne transcrire que les processus déterminants dans des conditions de travail définies,
- Permettre ainsi (i) l'identification, à différentes échelles, des grandeurs et étapes déterminantes et (ii) leur formulation mathématique,
- Introduire des outils de dimensionnement et de contrôle associés à leurs domaines d'application,
- Prédire le comportement du système dans des conditions variables de travail,
- Mettre en avant les verrous mécanistiques mais aussi technologiques et aider à développer l'innovation (changement de paradigme, lever de verrous scientifiques et technologiques).

Dans tous les cas, le modèle doit être validé par des :

- approches expérimentales multi-échelles pour valider les hypothèses émises, plus ou moins restrictives, et quantifier les grandeurs cinétiques.
- Analyses pluridisciplinaires, microbiologie et génie microbiologique, chimie des solutions et génie des procédés pour intégrer aussi la cohérence des hypothèses émises.

I.2.1 Approches de modélisation de l'activité biologique

Du fait du manque de connaissances des consortia complexes rencontrés dans les réacteurs d'épuration, les outils de modélisation sont restés longtemps très simplifiés, modèle intégrant une cinétique d'ordre un par rapport au substrat et un fonctionnement supposé en régime stationnaire des réacteurs biologiques (Eckenfelder, 1966).

En 1983 s'est formé un groupe de travail pour réfléchir sur un modèle pouvant intégrer les principales étapes de l'épuration d'une eau usée domestique, notamment la dégradation de la matière organique par des cultures hétérotrophes et l'oxydation de l'azote par des espèces autotrophes. Le premier modèle "Activated Sludge Model", ASM1, a ainsi été proposé et publié en 1987, Henze et al., (1987), il est inspiré du modèle développé par Dold et al., (1986). ASM1 ne prend pas en compte le traitement biologique du phosphore intégré cependant dans le modèle ASM2/ASM2d développé par Gujer et al., (1995).

Le modèle ASM1 se base sur le principe « mort/régénération », remplacé en 1999 par le principe « respiration endogène et stockage » dans le modèle ASM3.

L'originalité de ces modèles repose sur (i) la description des polluants en fonction de leur spéciation dans l'eau et leur facilité d'assimilation, (ii) la différenciation des espèces épuratives, (iii) son applicabilité à différents réacteurs biologiques en intégrant aussi les conditions de mélange et l'hétérogénéité du milieu réactionnel. La diffusion, dès les années 90, de logiciels de calculs « grand public » largement facilité l'utilisation des modèles ASM dans de nombreux cas d'études et les donner aujourd'hui comme outils de référence. Seul ASM1 a servi de référence dans ce travail, sa description est présentée dans la section suivante.

1.2.2 Modélisation ASM1

1.2.2.1 Description du modèle

Le modèle ASM1 décrit les processus de dégradation aérobie et anoxie de la matière organique et des matières azotés : processus de nitrification et dénitrification. Il a été employé:

- En régime permanent, pour le dimensionnement des installations de traitement et la prédiction des performances de traitement en conditions de fonctionnement classiques (Larrea et al., 2001).
- En régime dynamique, pour la prédiction des performances de traitement en conditions de fonctionnement transitoires (Choubert et al., 2007) et pour le contrôle des installations en temps réel.

Le modèle ASM1 utilise une présentation matricielle, qui synthétise les termes réactionnels et les facteurs stœchiométriques liés aux réactions. C'est une présentation claire des interactions entre les composants de système. Le format matriciel a été proposé par (Petersen, 1965).

L'écriture des équations de bilan décrivant l'activité au sein du milieu biologique et le devenir des polluants, oblige à (i) donner une caractérisation spécifique des eaux usées en intégrant flux en polluants à éliminer mais aussi en introduisant un fractionnement des polluants (particulaire et soluble) et une notion de facilité d'assimilation par les cultures bactériennes présentes (facilement, lentement ou non biodégradable) pour chaque fraction de polluants et (ii) préciser les conditions choisies de mélange, de temps de contact et de séjour des phases, d'oxydo-réduction. Le cas de la pollution azotée est plus spécifiquement présenté dans ce qui suit.

1.2.2.2 Fractionnement de l'azote

Dans les eaux usées domestiques, la pollution azotée se présente sous forme particulaire et soluble ainsi que biodégradable ou inerte. La Figure I.7 illustre la manière dont l'azote est fractionné dans le modèle ASM1.

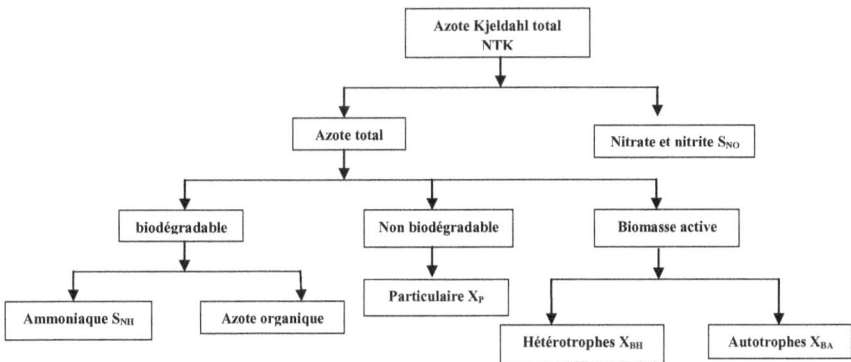

Figure 1.7 Fractionnement de l'azote selon l'ASM1

L'azote est ainsi présent dans le réacteur par l'apport d'eau à traiter et par la présence de la biomasse épurative:

- dans l'eau à traiter, eau résiduaire urbaine, l'azote est essentiellement présent sous forme soluble organique et ammoniacale (Azote Kjeldahl), une faible part reste encore particulaire (sauf cas particulier, les formes oxydées ne devraient pas être présentes dans l'eau d'entrée). La forme soluble est totalement biodégradable et va être soit oxydée, soit assimilée pour la croissance cellulaire.

- Au sein de la masse biologique, il y a bien sûr l'azote constitutif des cellules (qui est donc de l'azote particulaire), pouvant d'ailleurs être libéré lors de la lyse cellulaire (comme c'est le cas par exemple sur une ligne de digestion anaérobie de boues de station).

1.2.3 Description des étapes de transformation de l'azote

La Figure I.8 illustre les interactions qui existent entre les différents processus biologiques et leur modélisation par ASM1. Une représentation matricielle de ces différents processus est donnée sur le tableau I.3.

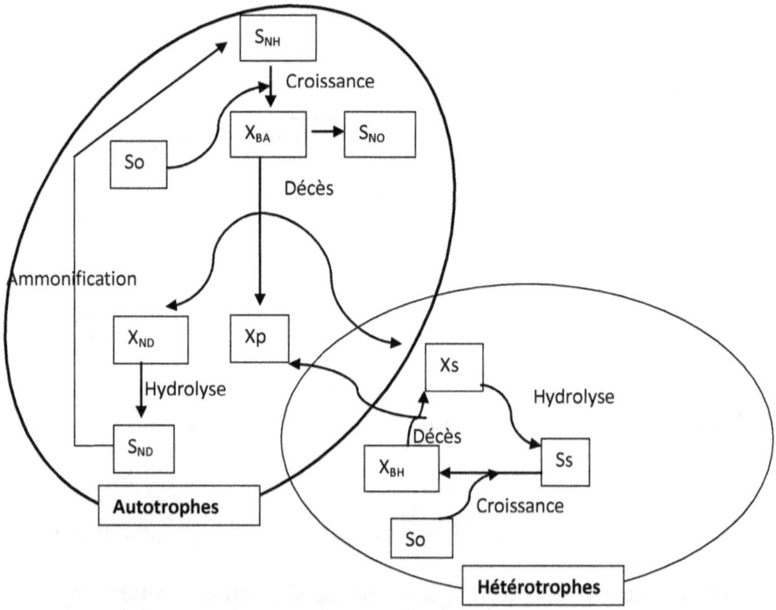

Figure 1.8 Processus ASM1 conditions aérobies

ASM1 modélise la nitrification en une seule étape où l'ammonium est converti directement en nitrate par la biomasse autotrophique. Pour réduire le degré de difficulté de model, le nitrite n'est pas considérer en modélisation. Mais le modèle considère deux processus pour la biomasse autotrophique : croissance aérobie et décès.

1.2.3.1 Croissance et assimilation de l'azote

En période aérobie les bactéries autotrophes nitrifient l'ammoniaque, alors que les bactéries hétérotrophes utilisent la DCO sous forme soluble biodégradable (S_s) et utilisent une partie de l'azote ammoniacal (S_{NH}) pour leurs synthèses cellulaires (assimilation) cette fraction est représenté par le coefficient stœchiométrique i_{XB} gN(gCOD)$^{-1}$ dans la biomasse). Ces réactions créent ainsi de nouvelles bactéries (X_{BH} et X_{BA}).

Les biomasses autotrophes sont considérées comme strictement aérobies dont la croissance et l'activité dépendent de la présence d'oxygène dissous. La relation générale de la nitrification (équation |I.7]) montre également le besoin d'alcalinité et de régulation de pH.

L'étape de nitritation étant supposée l'étape limitante de la nitrification, le développement global de la population autotrophe nitrifiante est alors supposée contrôlée par l'oxydation de l'ion ammonium en nitrite. L'équation (1.4) traduit la relation entre la vitesse réelle de croissance de bactéries autotrophes en fonction de la concentration en ion ammonium (S_{NH}), de la teneur en oxygène dissous (So) et de la concentration en bactéries autotrophes dans le milieu (X_{BA}),

$$r_{X_{BA}} = \mu_{A,max} \frac{S_{NH}}{S_{NH} + K_{NH}} \frac{S_o}{S_o + K_o} X_{BA} \qquad (I.4)$$

Avec : K_O et K_{NH} sont des constantes de demi-saturation.

1.2.3.2 Processus de décès

La vitesse réelle de croissance doit néanmoins être diminuée par le décès des bactéries dû à la lyse cellulaire, traduit dans ASM1 par le concept " mort-régénération". Ce décès est traduit par l'équation suivante:

$$r_{Décés X_{BA}} = -b_A X_{BA} \qquad (I.5)$$

Le décès d'une partie de ces bactéries crée du nouveau substrat X_S et X_{ND} ainsi qu'une fraction inerte Xp qui passe à travers le système sans changer de forme.

L'hydrolyse est une partie importante de ces processus car elle permet de passer de fractions particulaires potentiellement assimilables (X_S et X_{ND} aux fractions solubles biodégradables (S_{ND} et S_S) et par ammonification l'azote soluble biodégradable se transforme en (S_{NH}).

En période d'anoxie, les autotrophes ne disposent plus de substrat et ne produisent plus de nouvelle biomasse, par contre, elles continuent à mourir. De leur côté, les bactéries hétérotrophes vont utiliser les nitrates comme donneur d'électrons au lieu à la place de l'oxygène. Lors de cette phase dite de dénitrification, il se produit du di-nitrogène gazeux.

1.2.3.3 Hydrolyse et ammonification

Le flux d'ammonium à éliminer pendant le traitement va dépendre de sa concentration initiale dans l'eau d'entrée de la station et de sa production au sein même du système épurateur par le fait de (i) l'ammonification de l'azote organique issus des urines et pas encore ammonifié dans le réseau d'assainissement, (ii) l'hydrolyse et l'ammonification des composés particulaires organiques présents initialement dans les eaux usées X_{ND}, (iii) la lyse des bactéries épuratives (autotrophes X_{BA} et hétérotrophes X_{BH}) se déroulant dans le réacteur, cette lyse cellulaire contribue en effet à l'apparition de fractions lentement biodégradables et de fractions inertes. La fraction azotée particulaire, intégrée dans des matrices organiques peut être libérée sous forme soluble S_{ND} par hydrolyse puis ammonifié pour servir de substrat soluble à de nouvelles cellules.

La vitesse d'ammonification de l'azote organique soluble S_{ND} est supposée ne dépendre que de (S_{ND}) et (X_{BH}) concentration en bactéries hétérotrophes dans le milieu, selon l'équation :

$$r_{S_{NH}} = K_A S_{ND} X_{BH} \tag{I.6}$$

La production d'ion ammonium par hydrolyse des fractions particulaires peut aussi s'écrire sous la forme de relations homographiques intégrant, selon le substrat particulaire d'origine, les concentrations en azote particulaires, (X_{ND}) ,ou les fractions solubles issues de la lyse cellulaire (X_S).

Tableau I.3 Le modèle ASM1 : Processus cinétique et stœchiométrique pour l'oxydation de carbone et l'azote.

Composant → i	1	2	3	4	5	6	7	8	9	10	11	12	Vitesse, ρ_j [M L^{-3}T^{-1}]
Processus ↓ j	S_S	X_I	X_S	X_{BH}	X_{BA}	X_P	S_O	S_{NH}	S_{NO}	S_{ND}	X_{ND}	S_{Alk}	
1 Croissance Aerobique (CA) des heterotrophes (H)	$-1/Y_H$			1			$-(1-Y_H)/Y_H$	$-i_{XB}$				$-i_{XB}/14$	$\mu_{Hm}\dfrac{S_S}{K_S+S_S}\dfrac{S_O}{K_{OH}+S_O}X_{BH}$
2 Croissance Anoxique(CAn) H	$-1/Y_H$			1					$(1-Y_H)/2.86Y_H$				$\mu_{Hm}\dfrac{S_S}{K_S+S_S}\dfrac{K_{OH}}{K_{OH}+S_O}\dfrac{S_{NO}}{K_{NO}+S_{NO}}X_{BH}$
3 CA des Autotrophes (A)					1		$-(4.57-Y_A)/Y_A$	$-i_{xb}-1/Y_A$	$1/Y_A$			$i_{XB}/14-1/Y_A$	$\mu_{Am}\dfrac{S_{NH}}{K_{NH}+S_{NH}}\dfrac{S_O}{K_{OA}+S_O}X_{BA}$
4 Decès(D) des H			$1-fp$	-1		fp					$i_{XB}-fp\cdot i_{Xp}$		$b_H X_{BH}$
5 D A			$1-fp$		-1	fp							$b_A X_{BA}$
6 Ammonification de l'azote soluble								1		-1		$1/14$	$k_A S_{ND} X_{BH}$
7 Hydrolyse de carbone	1	-1											$k_h\dfrac{X_S/X_{BH}}{K_x+X_S/X_{BH}}\left[\dfrac{S_O}{K_{OH}+S_O}+\eta_h\dfrac{K_{OH}}{K_{OH}+S_O}\dfrac{S_{NO}}{K_{NO}+S_{NO}}\right]X_{BH}$
8 Hydrolyse de l'azote organique									-1	1			$\rho_7(X_{ND}/X_S)$

1.2.4 Interactions entre variables d'états et coefficient cinétiques et stœchiométriques

Les valeurs des coefficients cinétiques les plus citées dans la littérature et liés à la croissance des espèces autotrophes sont regroupées dans le tableau 1.4. Certains de ces paramètres ont été sensiblement corrigés au regard des premières valeurs (par exemple b_A, dont la valeur initiale dans ASM1 était affichée à 0,2 j^{-1} en 1987 pour 20°C, puis corrigée à 0,05 en 2000, Henze et al., 1987 et 2000).

La consommation d'ammonium est sensible aux paramètres de nitrification tels μ_{Am}, b_A, K_{NH}, K_{OA} et Y_A (Jiang et al., 2005). Elle est directement fonction de la concentration en bactéries autotrophes viables (X_{BA}) dans le milieu dont la valeur dépend de l'équilibre entre croissance et décès. Les deux paramètres μ_{Am} et b_A apparaissent néanmoins fortement corrélées (Stricker et al., 2000).

Par ailleurs, pour le cas particulier des bioréacteurs à membranes BAM pour lesquels la concentration en biomasse et le temps de rétention des solides dans le réacteur peut être beaucoup plus élevés que ceux dans un procédé par boues activées classiques, les valeurs initiales de μ_A et b_A données par défaut par Henze, (soit respectivement 0,8 j^{-1} et 0.05 j^{-1})) surestimant la vitesse d'élimination de l'azote ont dû être ajustées à μ_A =0,45 j^{-1} et 0,04 j^{-1} respectivement pour μ_A et b_A (Sperandio et Espinosa, 2008). Ce point a aussi été souligné par (Jiang, 2007).

Il en va de même pour le coefficient de demi saturation K_{NH}, les expériences en BAM rapportent des valeurs entre 0,15 à 1 mgN/L, valeurs généralement inférieures à la valeur par défaut de ASM1 (1 mgN/L) et favorables à une amélioration du transfert de l'azote (Delrue et al., 2008 ; Jimenez et al., 2008; Jiang et al., 2009). Toutefois, d'autres résultats montrent aussi : (i) de faibles écarts avec des valeurs trouvées en procédé à Boues Activées Conventionnel (BAC), 0,14 mg N/L en BAM et 0,13 mg N/L en BAC, (Manser et al., 2005), (ii) des valeurs augmentant avec la concentration en bactéries dans le réacteur, 0,3 à 0,6 mg N/L lorsque la concentration de MES augmente de 3 à 8 g/L du fait probablement d'une élimination plus poussée qui limite l'accessibilité à la bactérie du composé (Sperandio et Espinosa, 2008), (iii) un effet limité de l'état de floculation des boues (Munz et al., 2008).

En ce qui concerne K_{OA}, sa valeur en BAM est généralement située ente 0,18 à 2 mgO_2/L (Jimenez et al., 2012 ; Sarioglu et al., 2009 ; Jiang, 2007 Manser et al., 2005). Cependant elle a tendance à être inférieure à la valeur préconisée par défaut ASM1, soit 0,4 mgO_2/L, par le fait d'une taille plus réduite des flocs bactériens en BAM. Ceci est lié aux contraintes de cisaillement imposées en BAM, voire aussi à des âges de boues plus élevés favorables à la diminution des flocs (Massé, 2004).

Le rendement de conversion (Y_A) ne semble pas être influencé par les conditions opératoires, (Jiang et al., 2005) par exemple indiquent une valeur de 0,25 gCOD/gN en BAM valeur proche de la valeur par défaut 0,24g gCOD/gN (la valeur stœchiométrique donnée par l'équation générale de la nitrification étant 0,23gCOD /gN).

Les valeurs des paramètres dépendent toutefois fortement des conditions opératoires choisies comme (SRT, la concentration MES, la viscosité, la concentration en oxygène, la distribution granulométrique des flocs) et du type de réacteur. La généralisation de ces constatations est encore prématurée.

Le calage des paramètres du modèle est donc une étape importante, (Vanrolleghem et al .,1999). La détermination des coefficients cinétiques liés à la nitrification est toujours basée sur une mesure expérimentale de la vitesse maximale de nitrification (Stricker et al., 2000; Marquot et al., 2006) pour laquelle il faut trouver le jeu de paramètres (μ_A et b_A) permettant de décrire au mieux l'évolution expérimentale de cette vitesse. Dans tous les cas, le défaut majeur de cette modélisation est de ne pas distinguer au sein des bactéries autotrophes les *nitrosomonas* de *nitrobacter*. Il est donc évident qu'en fonction des conditions de travail et des aléas ponctuels qui peuvent survenir expérimentalement, la signification d'un taux de croissance et de décès communs aux deux cultures n'est pas facile à justifier. Il apparaît donc nécessaire de définir des outils qui permettraient de les distinguer.

Table 1.4 Valeurs des paramètres à un pH neutre (Henze et al. 1987)

Paramètres stoichiométriques	Symbole	Unit	20°C	10°C	littérature
Taux de conversion hétérotrophe	Y_H	gCOD formé gCOD oxidé[1]	0,67	0,67	0.38-0.75
Taux de conversion autotrophe	Y_A	glCOD formé $(gN\ oxidé)^{-1}$	0,24	0,24	0.07-0.28
Fraction de biomasse donnant le produit particulaire	f_p	-	0,08	0,08	-
Masse N/masse COD dans la biomasse	i_{XB}	$gN\ (gCOD)^{-1}$	0,086	0,086	-
Masse N/masse COD dans le produit de la biomasse	i_{XP}	$gN(gCOD)^{-1}$	0,06	0,06	-
Paramètres cinétiques					
Taux de croissances max des hétérotrophes	μ_H	j^{-1}	6	3	0.6-13.2
Coefficient de décès des hétérotrophes	b_H	j^{-1}	0,62	0,2	0.05-1.6
Coefficient de demi-saturation	K_s	$gCOD.m^{-3}$	20	20	5-225
Coefficient de demi saturation (CDS) de l'oxygène des hétérotrophes	K_{OH}	$gO_2.m^{-3}$	0,20	0,20	0.01-0.2
Coefficient de demi-saturation de nitrate	K_{NO}	$gNO_3\text{-}N\ m^{-3}$	0,50	0,50	0.1-0.5
Taux de croissances max des autotrophes	μ_A	j^{-1}	0,80	0,30	0.2-1.0
Coefficient de décès des autotrophes	b_A	j^{-1}	0,20	0,10	0.05-0.2
CDS de l'oxygène des autotrophes	K_{OA}	$gO_2.m^{-3}$	0,40	0,40	0.4-2.0
(CDS) de l'ammonium de l'ammonium des autotrophs	K_{NH}	$gNH_3\text{-}N\ m^{-3}$	1,0	1,0	-
facteur de correction de la croissance anoxique des hétérotrophes	η_g	-	0,8	0,8	0,6-1,0
Vitesse d'ammonification	k_a	$m^3\ (g_{COD}\ day)^{-1}$	0,08	0,04	-
Vitesse spécifique Max de l'hydrolyse	k_h	$gCOD\ (g\ COD\ day)^{-1}$	3,0	1,0	-
CDS de l'hydrolyse de substrat lentement biodégradable	K_x	$g\ (g\ COD\ )^{-1}$	0,03	0,01	-
Facteur de Correction de l'hydrolyse anoxique	η_h	-	0,4	0,4	-

Le tableau I.5 regroupe quelques valeurs relevées dans la littérature de coefficients cinétiques.

Tableau I.5 Valeurs des coefficients μ_A et b_A tirées de la littérature.

$\mu_{Am}(j^{-1})$	$b_A(j^{-1})$	K_{NH} (mgN/l)	Y_A (gDCO/gNoxidé)	Conditions	Références
0,45	0,04	0,25 à 0,6	0,24	TSB =10, 37, 53,110 T estimé à 20°C, 5LMH	Sperandio et al., 2008
0,22	0,02	0,05		Boue activée, TSB=12-15 T=10°C	Choubert el al., 2005
0,8	0,1	**		Boue activé, eau usée industrielle	Delrue et al., 2008
0,45	0,13			Boue activé, STEP, TSB >40 jour	Marquot, 2006
0,67	0,048	0,94		9 périodes : 165,197,107,74,52,29,85,103 108, HRT=0.5-1 jour	Sueng et al., 2009
**	0,021	5,14	0,34	TSB =3-20 jour HRT=0.125-1.25	Dincer et al., 2000
0,27	0,074	0,57	0,18	MBR, TSB=37 jour,T =22± 4°C	Trapani et al., 2011
2,02		0,85		MBR , TSB = 650 jour,	Wyffels et al., 2003
		0,1-0,15		TSB=10-110 jours	Manser et al., 2005

1.2.5 Intérêt de la respirométrie

Le tableau I.6 regroupe des vitesses de nitrification cités de la littérature et rapportées aux « Matières Volatiles en suspension » MVS.

Tableau I.6 Exemples de valeurs de vitesse de nitrification

Conditions	Vitesse de nitrification mgN/gMVS/ h	Références
SBR aérobie, TSB= 12 j MVS=1,53 g/L	6,10±0,37	Dytczak et al., 2008
SBR alterné TSB=12 j VSS=1,42g/L	2,95±0,26	Dytczak et al., 2008
Boue activée MVS=15g/L	20,8	Campos et al., 1999
Bioréacteur Membranaire MSS=2,7 g/L	5,58	Wouter et al., 1999
Boue activée MVS=5,4g/L	3,1	Delrue et al., 2008

Il peut être constaté une grande diversité de potentiel de nitrification selon les conditions de travail. Il est clair qu'aucun lien n'apparait entre vitesse de nitrification et concentration en biomasse traduite par l'MVS En effet, cette grandeur ne traduit ni la concentration ni l'activité des bactéries nitrifiantes dans réacteur car cette grandeur intègre aussi toute la matière organique inerte faisant partie des flocs bactériens (résidus de lyse, matière organique non biodégradable …). La quantification de la concentration en bactéries dans un système biologique est un paramètre clé pour les processus. La concentration est généralement estimée par des calculs théoriques basés sur des bilans de masse en utilisant des paramètres cinétiques et stœchiométriques (Ekama et al., 1983;. Henze et al., 2000).

Plusieurs recherches ont été entreprises pour mieux identifier la microbiologie des boues activées (Gilbride et al., 2006), mais aucune méthodes n'est actuellement fiable pour quantifier spécifiquement la masse bactérienne nitrifiante. Les principaux obstacles sont :

- La structure très agrégée des boues activées dans laquelle les bactéries sont intégrées, perturbe l'image microscopique et rend difficilement le comptage cellulaire direct. La concentration obtenue est généralement sous-estimée du fait de la formation des amas et/ou la différence de cultivabilité entre les espèces. Konuma et al., (2001) et Li al., (2006) ont ainsi montré que la méthode choisie de culture conduit à une sous- estimation des bactéries nitrifiantes par rapport à d'autres méthodes.

- La difficulté de désagréger les flocs de boues activées en raison du risque de provoquer le décès des certaines cellules.

- La nécessité de convertir le nombre de bactéries en un équivalent masse de bactérie exprimée en poids sec,

- Le fait que la quantification des bactéries est souvent basée sur des observations microscopiques; cette approche nécessitant beaucoup de temps, des tentatives d'automatisation des comptages ont été entreprises pour faciliter certaines études comparatives. L'analyse d'image assistée par ordinateur permet d'une part de réduire le temps nécessaire de comptage et de reconnaître différents paramètres morphométriques (longueur, largeur, surface, périmètre), de quantifier les cellules et de déterminer le volume cellulaire (Van Wambeke, 1995). Mise au point sur des cultures pures, cette technologie n'est encore pas applicable pour le comptage d'échantillons environnementaux sur des boues activées; en effet la diversité des morphotypes, la taille des cellules (moins importante que pour les cultures pures), rendent l'analyse très fastidieuse.

- Plusieurs sondes ont été spécifiquement conçues pour la détection des bactéries nitrifiantes (méthode de FISH), chacune est spécifique à un type de bactéries nitrifiantess. La quantification de toutes les espèces nitrifiantes par la méthode FISH exige alors l'utilisation d'un nombre important de sondes, engendrant un coût d'investissement élevé.

La cytométrie à flux est apparue dans les années 1980 pour détecter des anomalies dans les cellules animales et analyser le cycle cellulaire. Elle est couramment utilisée pour quantifier les microorganismes, en particulier dans les environnements liquides comme l'eau de mer (Joux et Lebaron, 1995; Foladori et al., 2010). La cytométrie a été aussi utilisée dans le domaine du traitement des eaux usées, elle a été tout d'abord testée avec une culture pure et des mélanges de souches pures dans lesquels les agrégations bactériennes n'existaient pas. Par la suite, elle a été appliquée sur des échantillons des boues activées. Dans ces études, la préoccupation était surtout axée sur la quantification d'un groupe spécifique des bactéries, non sur la totalité de la population bactérienne. Quelques études relatives à la quantification des espèces nitrifiantes peuvent être consultées dans la littérature (Zachar et al., 1993 ; Berthe et al., 1999). Ces méthodes restent néanmoins coûteuses et ne peuvent être utilisées couramment.

La respirométrie est l'outil le plus utilisé pour quantifier l'activité d'une biomasse et calibrer des grandeurs cinétiques de base. Elle repose sur la mesure en ligne de la consommation d'oxygène, Oxygen Uptake Rates OUR, par les populations épuratives placées dans des conditions expérimentales définies (Spangers et al., 1998; Damayanti et al.,2010; Rodríguez et al., 2011.,). L'utilisation de relations classiques (relations stœchiométriques notamment définies par le biais de voies métaboliques connues) liant consommation de substrat et consommation d'oxygène permet la quantification des vitesses et coefficients cinétiques pour la population dans son ensemble ou pour des populations sélectionnées.

I.3 Colmatage en bioréacteur à membrane

Les avantages des bioréacteurs à membrane par rapport aux systèmes conventionnels ont été largement décrits dans la littérature (Ghyoot et al., 1999, Munz et al., 2008). Leur inconvénient principal reste néanmoins la gestion de la baisse de perméabilité des membranes en cours d'opération, encore appelé colmatage membranaire, due à l'opération de séparation localisée en surface membranaire. Le colmatage des membranes peut être défini comme l'ensemble des phénomènes qui interviennent dans la modification des propriétés filtrantes de la membrane dont une des conséquences majeures est l'augmentation de la résistance hydraulique de la barrière membranaire. Celle-ci se traduit par une diminution progressive du flux de perméat lors d'une filtration à pression constante, ou, à l'inverse, d'une augmentation de pression transmembranaire lors d'une filtration à flux de perméat constant. Il s'agit de phénomènes physiques, chimiques et biologiques se produisant à l'interface membrane/milieu biologique. En bioréacteur à membranes (Ognier et al., 2002; Judd, 2004). Les composés à l'origine du colmatage sont majoritairement organique (couche de polarisation, accumulation d'exopolymères, développement d'un biofilm, …) mais aussi de nature inorganique (précipités de sels $CaCO_3$,…).

Cette section rassemble quelques éléments concernant les différents mécanismes de colmatage ainsi que les facteurs les plus déterminants.

1.3.1 Type de colmatage

La suspension biologique présente au sein du bioréacteur à membranes est un milieu complexe intégrant populations bactériennes, matières en suspension, macromolécules, molécules et composés ioniques, organiques et minérales, chacune de ces familles interagissant entre elles et avec le matériau membranaire.

Selon le mode d'adhésion des composés avec le matériau membranaire et la réversibilité hydraulique du processus d'interactions, deux types de colmatage sont couramment distingués :

- Colmatage hydrauliquement réversible : les composés accumulés sur le matériau membranaire peuvent être éliminés par l'introduction de contraintes de cisaillement locales réalisées par circulation tangentielle d'eau au voisinage de la surface des membranes, par aération à proximité des membranes, par rétrolavage d'eau filtrée (si cette opération est possible avec le matériel membranaire choisi). L'application de contraintes pariétales permet de minimiser en continu, pendant l'opération, l'accumulation de composés en surface membranaire ; le rétrolavage périodique permet de régénérer les pores bouchés et d'arracher, au moins partiellement, des dépôts structurés en surface membranaire.

- Colmatage hydrauliquement irréversible : L'adhésion des composés sorbés en surface ou dans les pores des membranes et les dépôts structurés (biofilm notamment) ne sont que peu altérés par les lavages hydrauliques, leur élimination oblige à introduire ponctuellement des composés chimiques déstructurant (soude, acides, tensio-actifs, oxydants) qui permettent une régénération complète de la membrane. Ce type de régénération est appelé lavage chimique dont la fréquence et l'intensité peuvent directement influencer la durée de vie des membranes (notamment organiques), (Jiang et al. 2003).

1.3.2 Description de la dynamique de colmatage

Généralement, les conditions de travail en bioréacteur à membranes sont choisies pour minimiser l'accumulation de composés en surface membranaire (conditions sub-critiques, Field et al., 1995).

Du fait de la complexité de la suspension à filtrer, une chute de perméabilité membranaire est pourtant constatée, souvent en 3 étapes (Ognier et al., 2002):

- Chute très rapide mais limitée de perméabilité due à une adsorption rapide de petites molécules en surface des membranes qui réduit l'ouverture des pores. Cette adsorption est un phénomène irréversible dû aux interactions physico-chimiques entre les solutés et la surface de la membrane. Ces interactions conduisent à des couches stables dont l'effet est de réduire le nombre et/ou la taille des pores. Les lavages chimiques sont alors nécessaires pour couper les liaisons soluté-membrane. La fréquence de lavage et le choix des produits de régénération dépendent du type de polluants, du procédé et de la membrane.

- Diminution lente mais continue de la perméabilité membranaire par obstruction petit à petit des pores ouverts. Les particules arrivant à la surface de la membrane se déposent sur celles déjà en place. La couche ainsi formée constitue une deuxième barrière filtrante pouvant retenir des particules de dimensions inférieures au seuil de coupure de la membrane. Selon la durée de l'opération, un biofilm se forme progressivement et modifie également la perméabilité de cette couche dynamique en surface membranaire.

- puis diminution brutale (notamment observée lorsque qu'aucun rétro-lavage n'est en mis en œuvre).

Ognier et al., (2004) ont introduit la notion de flux critique local pour expliquer le passage de la phase 2 à la phase 3, la réduction de l'ouverture des pores par l'accumulation de matière en surface de membranes conduisait au passage de conditions initialement sub-critiques à des conditions supra-critiques pour lesquelles l'accumulation de matière en surface membranaire n'est plus contrôlé et le colmatage devient intense. Zhang et al. (2006) ont repris cette idée en donnant une description plus précise des composés concernés par ces étapes de colmatage.

Cette approche descriptive au niveau d'une membrane, peut encore être complétée par ce qui peut se passer au niveau du module membranaire. En effet en fonction de la conception du module, fibres capillaires ou membranes planes, du choix du mode de lavage hydraulique, de son intensité et de sa distribution au sein du module membranaire, il peut aussi exister de forte hétérogénéité dans les conditions de filtration au sein d'un même module, avec, par exemple, l'apparition de zone où l'accumulation locale de boues est très importante et empêche alors toute circulation locale (phénomène de clogging). Cette accumulation notable de boues modifie drastiquement la surface globale de filtration.

1.3.3 Formulations mathématiques simples pour exprimer l'évolution de perméabilité

Comme pour toute opération d'écoulement au travers d'un milieu poreux, l'équation de base reliant la densité de flux de perméat à l'énergie spécifique de transfert (pression transmembranaire), est la relation de DARCY :

$$J = \frac{PTM}{\mu.R_t} \qquad (I.7)$$

Avec

J : densité de flux de perméat ($m^3 .m^{-2} .s^{-1}$)

PTM : pression transmembranaire (Pa)

μ : viscosité du perméat à la température de filtration (Pa·s)

R_t : résistance hydraulique du milieu poreux à traverser (m^{-1})

La résistance hydraulique du milieu poreux est en fait considérée à chaque instant comme la somme de la résistance initiale de la membrane propre R_m et de la résistance hydraulique engendrée par les processus de colmatage R_c. La loi de Darcy s'écrit alors selon l'équation I.8 :

$$J = \frac{PTM}{\mu(R_m + R_c)} \qquad (I.8)$$

$$R_c = R_{ads} + R_g + R_{bio} \qquad (I.9)$$

Prenant en compte que les grandeurs J et PTM peuvent être mesurées en ligne sur les procédés, la relation de Darcy permet alors de connaître à chaque instant l'évolution de la résistance totale R_t du système et par déduction, l'évolution de R_c :

$$R_t = R_m + R_c = \frac{PTM}{\mu . J} \qquad (I.10)$$

La vitesse de colmatage peut être estimée au travers de plusieurs paramètres comme :
- Les variations instantanées de PTM ou J selon que l'on travaille à J ou PTM constant,
- La variation instantanée de R_t.

Le tableau I.7 regroupe des valeurs de vitesses de colmatage relevées dans la littérature.

Tableau 1.7 Vitesse de colmatage en conditions sub-critiques

dR/dt (mj)$^{-1}$	Conditions	Référence
1,63E+11	Membrane plane, 0.2µm, 1.2kgCOD/m^3/j, TSB=30j, Air flux= 480 L/h, 33L/m^2/h,	Zhichao wu et al., 2010
3,8 E+11	Membrane plane, 0.2µm, TSB= 10jour, Air flux =180 L/h, 10 L/m^2/h, 0,6 kgTOC/m^3/jour	Massé, 2004
7,2 E+09	Fibres creuse, J=2,3-2,4 L/m^2/h, Cv=0,4-0,8 kgCOD/m^3/j	Orantes, 2005
1,4E +8	J=30 LMH, membrane plane Cv=4-12 kgCOD/m^3/j	Cho et al., 2002
1,7E +7/1,25 E+8/ 3.3 E+8	J=10/20/30 L/m^2/h, membrane plane, Cv=0,6 kgCOD/m^3/j	Zhang et al., 2006
0,9-19 E+10	Memebrane à fibre creuse, 0,035 µm 30,6 L/m^2/h, 2-10j	Trussel el al.,2006
4-40 E+10	Memebrane à fibre creuse, 0,1 µm, 17,5-20 L/m^2/h, 8-40j,	Grelier et al., ,2006
3-17 E+10	Memebrane à fibre creuse, 0,1 µm, 19-21 L/m^2/h, 8-14,8j	Rosenberg et al.,2006
0-90 E+10	Membrane plane, 0,037 µm, 30j, 10 L/m^2/h,	Drews et al., 2006
2,2-10 E+10	Membran plane , 0,037 µm, 28-35 j, 10L/m^2/h,	Drews et al., 2008

L'apport spécifique de chaque processus élémentaire au colmatage global dépend à la fois de la durée de l'expérience et des conditions de fonctionnement imposées. Le tableau I.8 donne quelques exemples relevés dans la littérature.

Tableau 1.8 Participation des différentes fractions de la boue à la résistance totale : filtration Rt (%) sous différentes conditions (TSB, COD/N ratio, pore de la membrane..).

Matière solides (R_g)	Colloïdes et biofilm (R_{bio})	Matière solubles (R_{ads})	Conditions	Référence
24	24	52	0,05-0,5µm, 1 à 1,5gMES/L	Wisniewski et al., 1998
24	50	26	HF membrane 0.1 µm TSB = 10-30j, 5,7kgCOD/m^3/j	Bouhabila et al., 2001
72-83	4-14	13-14	UF membrane, 35-300kDa TSB = 20j, 3,4gMES/L, COD/N = 9	Bae et Tak, 2005
27,33	36,52	36,15	MF membrane, 0.4µm,OLR=1,2kgTOC/m^3/jour, 16L/m^2/h	Jill et al.,2010
22-76	11-47	13-31	0,4µm, 1.8gMES/L (colmatage réversible),2,8 -3,6gMES/L	Meng and Yang, 2007
65	5	30	MF membrane, 0.1µm, TSB=60 jour, 10mgMES/L	Defrance et al., 2000
63	21	5	HF, 0,4 µm COD/N=10,SRT=20	Feng et al., 2012
57	23	8	HF, 0,4 µm COD/N=5, TSB=20	Feng et al., 2012

1.3.4 Paramètres influençant le colmatage

La figure I.9 Schématise les différents points qui interviennent dans la dynamique de colmatage.

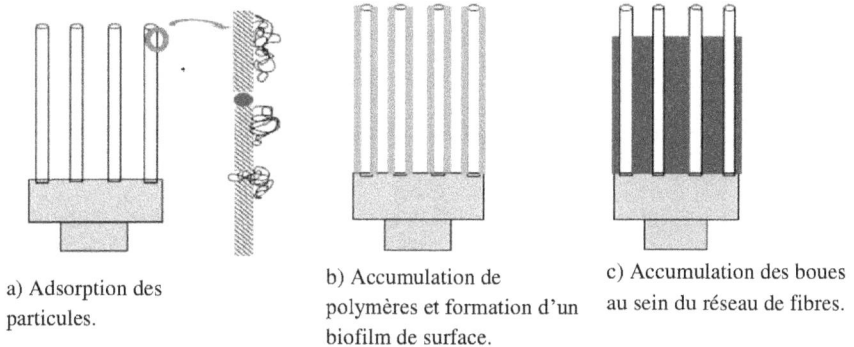

a) Adsorption des particules.

b) Accumulation de polymères et formation d'un biofilm de surface.

c) Accumulation des boues au sein du réseau de fibres.

Figure 1.9 Schéma des différents mécanismes de colmatage

Pour illustrer ces interactions, quelques éléments ont été regroupés dans ce paragraphe, notamment l'influence (i) des caractéristiques de la membrane et (ii) du milieu biologique puis (iii) des conditions opératoires sur le colmatage.

1.3.4.1 Paramètres généraux: Nature physique, chimique et configuration de la membrane

La taille des pores de la membrane définit la sélectivité de la membrane en termes de rétention par encombrement stérique. Elle autorise le passage des composés plus petits. Sur une suspension complexe comme l'est celle présente dans un bassin d'épuration, le choix de la taille des pores peut ainsi être déterminant pour la qualité de l'eau mais aussi pour l'évolution du colmatage en cours d'opération. Lors de la filtration d'une suspension biologique avec des membranes à fibres creuses en polysulfone, Hong et al., (2002) constatent une vitesse initiale de colmatage accrue quand le diamètre moyen des pores augmente de 0,01 à 0,1µm. Cette chute rapide est due au blocage rapide, durant la phase initiale de filtration, des plus gros pores qui contribuent le plus à la perméabilité initiale de la membrane.

De même que le diamètre des pores, la configuration des membranes modifie la dynamique de colmatage. L'utilisation de membranes planes à la place de membranes capillaire entraîne également une différence sensible (i) par le fait que la distribution de l'aération membrane est plus homogène entre des plaques parallèles (point positif pour contrôler les dépôts en surface) mais (ii) apparaît parfois défavorable du fait de la non possibilité de rétro-laver certaines membranes planes.

En conclusion, le choix des caractéristiques de la membrane a une influence directe sur la dynamique de colmatage. Ce choix doit se faire en prenant aussi en compte les caractéristiques du milieu biologique et des conditions opératoires.

1.3.4 Conditions opératoires

Au-delà des conditions de température qui peuvent être variables en épuration des eaux (avec les conditions de filtration les plus défavorables en période hivernale pour cause de viscosité plus importante de l'eau), les principales grandeurs influentes sont liées au choix:

- Des conditions biologiques de travail, nature des eaux brutes à traiter, efficacité attendue (abattement de matière organique mais aussi des composés azotés et phosphatés) et charge volumique et/ou massique, temps de séjour hydraulique, temps de rétention des boues, potentiel d'oxydo-réduction,
- Des conditions de filtration sur la membrane associées à la configuration du module et aux contraintes hydrodynamiques choisies.

L'influence des paramètres opératoires est très complexe, seuls quelques exemples sont présentés ci-après pour illustrer l'importance de trois paramètres : temps de rétention des boues dans le système (ou âge des boues, choix du flux de perméation, température).

1.3.4.1 Age de la boue (TSB)

Pour une eau brute donnée, les grandeurs, comme la charge massique ou l'âge des boues, sont souvent imposées par le degré d'épuration attendu. Pour une eau usée urbaine, l'élimination de l'azote en zone sensible impose par exemple des âges de boues en climat tempéré d'au moins 15j. Toutefois, pour des raisons de stabilité des boues extraites (en terme de caractère fermentescible), il peut être préféré de travailler à des âges de boues plus importants (20 à 25 j, voire au-delà de 40 j). Le choix de ce paramètre conditionne indirectement le volume du réacteur et la demande en énergie mais aussi la concentration en matière en suspension et en fraction soluble : les exopolymères (EPS) qui ont un impact certain sur la dynamique de colmatage. Plusieurs études ont été menées pour analyser l'influence de l'SRT sur le phénomène de colmatage. Les résultats sont parfois contradictoires. Ainsi, Trussell et al. (2006) ont trouvé que lorsque SRT passe de 2 à 10 jours, la vitesse de colmatage est multipliée par 10. Han et al. (2005) ont également constaté un effet négatif d'âges de boues trop importants sur la filtration : en passant de 30 à 100 jours la vitesse de colmatage a été doublée malgré une augmentation de 65% de l'aération membranes, cependant il est à signaler que la concentration en MES dans le réacteur était passée aussi 7 à 18g/L. Même constatation pour Sun et al (2005) travaillant avec un effluent synthétique (rapport DCO/N/P = 100/9/3) ; ils ont trouvé que la membrane se colmate à une vitesse plus rapide lorsque le SRT augmente de 50 à 70 j, avec, par ailleurs, un flux critique diminué (de 43 L/m²/h à 36 L/m²/h). Ces résultats vont à l'encontre des résultats présentés par Reid et al., (2006) qui rapportent que le taux de colmatage de la membrane était décuplé lorsque TSB était diminué de 10 à 2 jours.

Il a été aussi signalé le rôle de l'âge de boues sur la taille des flocs, Massé et al., (2006) ont montré une diminution de la taille moyenne des flocs de 240 μm à 70μm pour un âge de boues passant de 9 à 106 jours. Le tableau 1.9 regroupe quelques résultats de la littérature discutant du rôle de SRT sur la dynamique de colmatage.

Tableau 1.9. Effet de SRT sur le développement de colmatage

Conditions	Observations	Références
TSB=20,40,60,60;0.235kgN/m³/j 1,53kgCOD/m³/j, 12,5L/h/m² Membrane plane, 0,25μm	La diminution de TSB induit : -Augmentation de la résistance spécifique avec Augmentation de la concentration des EPS spécifique et la vitesse de colmatage.	Ahmed.Z et al., 2007
TSB=10 jour Cv=3 kgCOD/m³/j,	-Pour même charge volumique la concentration en SMP diminue avec la diminution de TSB. -La concentration en SMP≈15-120.	Lebègue, 2008
TSB=23 jour TSB=40 jour Fibre creuse, 15L/m²/h	-Mauvaise filtration, une forte concentration en EPS pour TSB=23 jour que pour un SRT=40.	Alhalbouni et al., 2008
TSB= 8-40, 17,5 à 20 15L/m²/h	L'augmentation de TSB: -une diminution de la vitesse de colmatage, la contribution de Rads diminue ainsi que la concentration en polysaccharide qui diminue aussi.	Grelier et al., 2006
TSB=28-35, 10L/m²/h	Une augmentation de TSB provoque une diminution d'EPS lié	Drews et al., 2008

1.3.4.2 Choix du flux de perméation

Le choix de ce critère est important pour optimiser le coût du système industriel car il conditionne la surface membranaire à installer (Zhichao et al., 2010). La valeur de ce critère doit cependant être toujours associée à la configuration du module membranaire et aux contraintes pariétales de cisaillement choisies : c'est la notion de flux critique, souvent évalué au voisinage de 30 à 35 L/m²/h. Cette valeur est souvent utilisée en pratique comme vitesse de pointe avec des vitesses moyennes de filtration comprises entre 15 et 25 L/m²/h.

1.3.4.3 La température

La température a une influence sur la filtration notamment par son action sur la viscosité du perméat. Afin de prendre en compte cette dépendance, Rosenberger et al. (2006) ont proposé l'équation suivante :

$$\text{Ln}\frac{\mu}{\mu_0} = 1,94 - 4.8(\frac{T_0}{T})+6,74(\frac{T_0}{T})^2 \qquad (I.11)$$

Avec :

T : Température du perméat (en °K)

$T_0 = 273.16$ K

μ : Viscosité à la température T (en Pa.s)

μ_0 : Viscosité à la température T_0 (en Pa.s)

La diminution de la température se traduit par une augmentation de la viscosité de la suspension qui réduit le taux de cisaillement induit par l'aération des membranes par des grosses bulles. Lorsque cette modification de température est rapide, elle induit aussi: (i) la réduction de la taille de floc et (ii) la libération d'exopolymères (Rosenberger et al., 2006 ; Drews et al., 2007) qui agissent négativement sur la perméabilité membranaire.

1.3.5 Influence des caractéristiques du milieu biologique

L'origine et la composition de l'effluent à traiter et les conditions de travail imposées (TSB, HRT,…) influencent l'écologie et l'activité bactérienne mais aussi la teneur en particules en suspension et la structure et composition des flocs ainsi que la teneur en composés solubles. Ces deux derniers éléments conditionnent en fait la nature et les propriétés de la suspension biologique qui devra être filtrée. Ainsi Chang et Lee, (1998) ont montré par exemple qu'une boue limitée en apport d'azote présente une filtrabilité meilleure qu'une boue ordinaire alors que la distribution granulométrique est quasiment la même. Il est évident aussi que pour une même suspension, les conditions de travail imposées au niveau de la filtration (conditions sub-critiques ou non) vont faire que l'élément dominant la dynamique de colmatage sera la fraction particulaire ou la fraction soluble.

1.3.5.1 Concentration en matières en suspension

Dans les premières années du développement des BRM à boucle externe, les filtrations s'opéraient sous des pressions relativement élevées pour essayer d'intensifier les flux de perméation. Toutefois, la compressibilité élevée des boues biologiques et l'introduction de la notion de flux critique ont permis de mieux calibrer les conditions de travail pour minimiser l'impact de MES en travaillant sous faible pression (< 0,3 bars) et en optimisant l'hydrodynamique des modules membranaires.

La concentration en MES a longtemps été considérée comme le principal facteur à l'origine du colmatage. Généralement, il semble possible de distinguer deux échelles de colmatage suivant la concentration en MES dans les boues :

- A faible concentration en MES ou très bonne répartition du cisaillement en surface membranaire, le colmatage principal est engendré par des interactions de surface entre composés solubles (adsorption), bouchage de pores et développement d'un biofilm. Ainsi quelques auteurs comme Hong et al., (2002), filtrant des boues activées dans un BAM (membrane en polysulfone de 0,1 μm de diamètre de pores) n'ont pas trouvé aucune relation entre MES et colmatage. L'augmentation de la concentration d'une boue, de 3,6 à 8,4 gMES.L^{-1}, n'a pas entraîné de différence dans la chute du flux de perméat.

- Dans ce cas précis, la dynamique de colmatage, engendré principalement par les composés solubles, n'est visible qu'à long terme.

- À une concentration en MES élevée et avec un cisaillement insuffisant, le colmatage est principalement lié à une accumulation forte de composés en surface membranaire. Gui et al., (2008) ont constaté, lors de la filtration d'une boue à 1 gMES.L^{-1} puis 10 gMES.L^{-1} que le flux critique passe respectivement de 8 à 5 L.h^{-1}.m^{-2} (membrane en polyéthylène de diamètre de pores égal à 0,1 µm). De même, Zhiwei et al., (2006) ont trouvé une très faible corrélation entre la concentration en MES et l'évolution de la résistance de colmatage avec un coefficient de Pearson (rp) égale à 0.133 (cas d'un MBR immergé traitant une charge de 0.4kgN/m^3/jour avec une membrane en polysulfone 0.2µm).

1.3.5.2 Les EPS

Parmi les composés présents à la fois dans le surnageant et dans les flocs, les EPS semblent jouer un rôle important dans la dynamique de colmatage. Si la partie liée des EPS n'a pas, a priori, de rôle direct (si on minimise l'impact de MES), leur libération dans le milieu liquide influe directement sur la dynamique de colmatage. Cette libération peut être liée à des variations de la qualité de l'eau d'entrée (en termes de concentration, température, présence de toxique…) ou à la variation des conditions de travail (passage d'une période aérobie à une période d'anoxie, mauvais contrôle de pH …).

La présence des EPS est en effet liée à l'activité des bactéries épuratives et leur rôle est parfois contradictoire. En effet, à la fois elle:

- Assure la structuration des flocs mais aussi l'accès au substrat. Certains auteurs indiquent qu'il n y a pas une relation directe entre EPS et filtrabilité des boues (Houghton et al., 2002), d'autres comme Mikkelsen et Keiding, (2002) montrent que la filtrabilité des boues est améliorée lorsque la concentration en EPS liés au sein des flocs augmente car ils renforcent la cohésion des structures floculées.

- Initie le colmatage. En effet, Selon Khor et al., (2007), les polysaccharides solubles seraient les premiers à se déposer sur la membrane, formant un gel qui favoriserait l'adhésion des autres composés. Le rôle des protéines dans le phénomène de colmatage est certain mais son importance est encore mal évaluée mais essentielle dans la formation d'un biofilm à la surface de la membrane. Les EPS interviennent aussi dans la structuration du gâteau de filtration.

La nature de l'eau à traiter et notamment l'équilibre nutritionnel imposé au travers du rapport C/N apparaît également déterminante dans la production d'EPS (Feng et al, 2012) et leur répartition entre phase solide (flocs) et phase liquide (surnageant). L'importance du ratio C/N dans l'eau usée à traiter est souvent mentionné comme paramètre influençant la floculation des boues activées et la décantation, cependant, les travaux mentionnant le lien de ce critère avec la production d'EPS sont peu nombreux. Ye et al., (2011) ont constaté, en travaillant avec trois réacteurs alimenté par une eau présentant des ratios C/N égaux respectivement à 20,10 et 4, que la concentration en EPS diminue avec la diminution de ratio C/N, ils ont également observé une mauvaise floculation et décantation des boues lorsque C/N diminue se traduisant aussi par une résistance spécifique à la filtration plus importante. Ces observations sont conformes avec les travaux de Liu, (2011) et Jiang et al. (2005) qui suggèrent qu'une baisse de concentration en EPS entraîne une désagrégation des flocs. Rojas et al., (2005) ont également montré une multiplication de la résistance spécifique d'un facteur de 10 lorsque la concentration en protéines augmentent de 30 à 100 mg/L.

Reid et al., (2008), travaillant sur cinq installations réelles de BAM équipées de membranes planes, ont montré que les polysaccharides auraient plus d'influence sur la filtrabilité et la perméabilité de la suspension que les protéines, ce qui est contraire aux résultats de Massé et al., (2004).

Il a aussi été montré qu'une concentration élevée en ion ammonium NH_4^+ dans le surnageant pourrait induire l'échange de cet ion avec des cations polyvalents structurant la liaison EPS-boues, cet échange provoquerait alors la déstructuration des flocs en libérant des EPS solubles et modifiant la filtrabilité des boues (Feng et al., 2012).

La figure I.10, récapitules les principaux paramètres influençant le colmatage membranaire ainsi que les interactions entre eux.

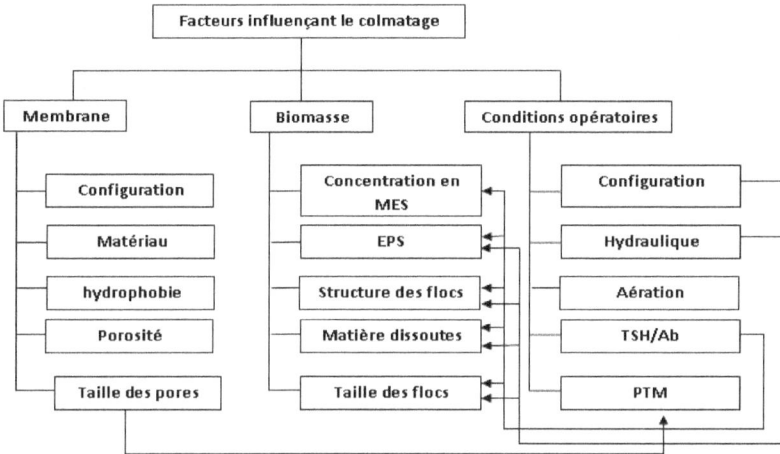

Figure I.10 Colmatage de BRM : facteur de colmatage et condition opératoire (Drews et al., 2008).

Les éléments discutés relatifs à la dynamique de colmatage montrent la complexité d'identification et/ou de hiérarchisation des processus contrôlant le colmatage des membranes en BAM.

Si la configuration du module membranaire peut a priori être optimisée en association avec l'approche hydrodynamique du système de filtration, la variabilité des caractéristiques de la suspension en terme de composés présents dans la fraction soluble du surnageant peut influencer directement la vitesse de colmatage d'un système donné. Il apparaît donc déterminant de trouver : (i) les indicateurs déterminant la variation des propriétés filtrantes d'une suspension biologique et (ii) des outils de quantification en ligne de ces indicateurs.

I.4 Conclusion

Ce chapitre a était devisé en trois parties :

- La première partie est articulé sur (i) un rappel des différente formes de l'azote existant dans la nature,   les différents mécanismes contribuant au traitement de l'azote ainsi que les caractéristiques de la croissance des bactéries autotrophes. (ii) une récapitulation des différents facteurs influençant le développement des bactéries nitrifiantes, à savoir (l'influence de pH, température, l'oxygène et la charge appliquée).

- La deuxième avait comme but (i) l'introduction à la modélisation de bioréacteur membranaire,(ii) un rappel des différents processus relatifs à la nitrification et (iii)la définition des différents coefficients cinétiques et stœchiométrique décrivant une réaction de nitrification en montrant la grande diversité de ces derniers.

- Une troisième partie est consacré à l'étudier le colmatage dans un bioréacteur autotrophique membranaire, en effet sont rares les travaux qui ont traités le sujet de colmatage sur une population autotrophique. Par la suite un chapitre sera consacré pour étudier la performance de l'étape de filtration dans les bioréacteurs autotrophique sous différentes conditions opératoires à savoir (le ratio DCO/N, TSB, HRT, …).

CHAPITRE II

MATERIELS ET METHODES : SUIVI DE BAM

Ce chapitre présente succinctement le matériel et les méthodes utilisés dans la partie expérimentale de ce travail. Il est devisé en trois parties :

- Une description du bioréacteur à membranes de laboratoire utilisé dans cette étude.
- Les méthodes analytiques pour quantifier les grandeurs représentatives (i) de la qualité de l'eau, (ii) de la biomasse présente, (iii) de la filtrabilité des suspensions biologiques.
- Les méthodes permettant d'évaluer l'activité des espèces épuratives

II.1 Description du pilote et des conditions opératoires

L'étude expérimentale a été conduite avec un bioréacteur associée à un module membranaire monté à l'extérieur et en parallèle du réacteur. Le réacteur, de volume utile 30 L, est en PVC transparent, permettant ainsi une visualisation continue du milieu réactionnel (Figure II.1). Il a une forme annulaire et est équipé de 3 diffuseurs d'air en latex poreux dont deux sont équi-répartis au fond du réacteur et le troisième fourni l'air membrane. L'air injecté permet (i) le mélange du réacteur (supposé homogène) et (ii) l'apport d'oxygène nécessaire à l'activité aérobie des bactéries épuratives (iii) la limitation du macro-colmatage. Le débit d'air injecté au sein du réacteur est fixe mais sa valeur (qui dépend des variations de pression au réseau collectif) n'est pas régulée automatiquement, par contre, l'aération a toujours été suffisante pour assurer dans le réacteur des conditions strictement d'aérobie avec une teneur en oxygène dissous supérieure à 5 mgO_2/L.

Le module membranaire de 1 litre de capacité est placé dans une colonne verticale extérieure au bioréacteur. Il est composé de membranes de type capillaire en polysulfone (figure II.2) dont les caractéristiques sont indiquées dans le tableau II.1

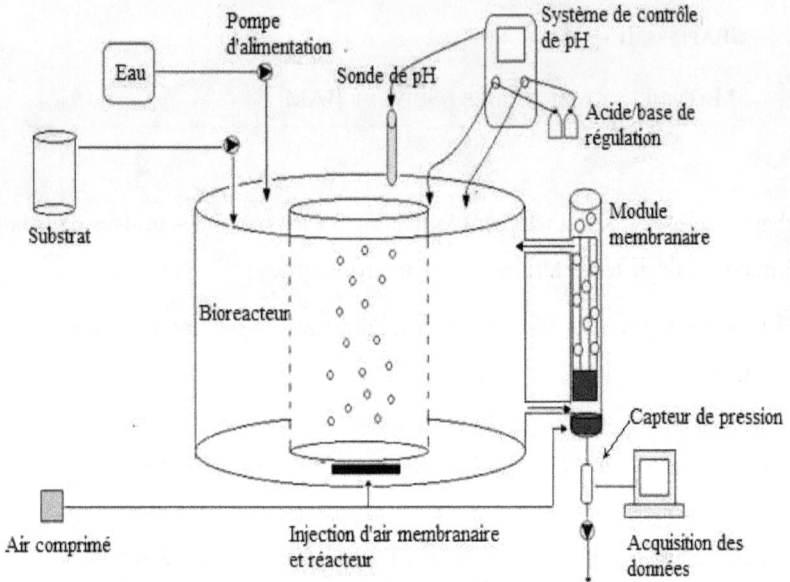

Figure.II.1 Représentation schématique du BAM expérimental.

Tableau II.1 Caractéristiques des membranes

Paramètres	Unités	Module Puron
Matériel	-	Polysulfone
Diamètre des pores	µm	0,05
Surface filtrante totale du module	m²	0,22
Longueur des fibres	cm	34;5
Diamètres externe des fibres	mm	2;6

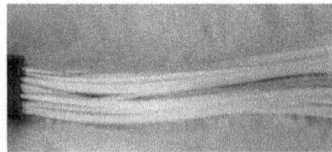

Figure II.2 Photo des membranes capillaires

La colonne extérieure est transparente avec une hauteur de 90 cm et un diamètre interne de 5 cm. Elle est équipée à sa base d'un diffuseur d'air grosse bulle. Le module membranaire est placé au-dessus de ce diffuseur.

La colonne est reliée au bioréacteur par deux canalisations, de 2 cm de diamètre interne. L'une est raccordée à la base de la colonne entre le diffuseur d'air et le bas du module membranaire, elle permet l'entrée de la suspension biologique du bioréacteur vers la colonne. L'autre, placée au-dessus du module membranaire, est raccordée à une distance d'environ 45 cm du raccordement précédent, elle permet le retour de la suspension biologique de la colonne vers le bioréacteur. Le module membranaire situé entre ces deux raccordements est donc totalement immergé dans la suspension biologique circulante.

L'air injecté à la base de la colonne à deux fonctions :

- provoquer un effet d'air lift qui induit, à la base de la colonne, une aspiration de la suspension biologique venant du bioréacteur. La hauteur de liquide dans la colonne est alors supérieure à la hauteur de liquide dans le bioréacteur et la suspension peut retourner vers le bioréacteur par simple surverse. La pression de surverse, dépendante du débit d'air injecté en bas de colonne, régule le débit de circulation dans la colonne. Ce débit est un critère important, il impose le taux de renouvellement de la suspension à filtrer dans la colonne et la concentration de la suspension dans le flux de retour (au regard du débit de perméation imposé).

- Induire un effet de cisaillement pariétal au niveau des membranes lors du passage des bulles d'air. Ce cisaillement est dépendant du débit d'air, de la taille des bulles et de leur hétérogénéité, de la densité en membranes dans le module.

L'effet de l'injection de l'air sur la membrane ne sera pas étudié dans ce travail. Les valeurs de débit seront donc choisies au regard de travaux antérieurs (Lebègue et al., 2008, 2009).

II.2   Techniques d'analyses et de caractérisation

II.2.1 Performances épuratrice de bioréacteur

Toutes les analyses sont effectuées sur des échantillons de perméat et de surnageant, celui-ci est défini comme l'eau environnant les flocs obtenue après une filtration sur un filtre de 0,45µm (soit un filtre présentant un diamètre moyen de pores environ 10 fois plus grand que celui des membranes utilisées).

Les performances globales sont analysées au travers des critères conventionnels caractéristiques d'un rejet urbain.

II.2.1.1 Détermination de la demande chimique en oxygène DCO

La DCO est quantifiée selon la méthode HACH et est conforme a la norme AFNOR NFT 90-101), celle-ci repose sur une minéralisation de l'eau à 150°C, pendant 2heures en présence des réactifs adéquats (Sulfates d'argent, mercure II et dichromate de potassium). La lecture se fait par spectrophotomètre DR/2500 (gamme de mesure: 0-150 ou 0-1500 mg/L). En cas de présence de nitrites dans le réacteur, la demande en oxygène spécifique à l'oxydation des nitrites en nitrates a été retranchée de la valeur mesurée de DCO.

II.2.1.2 Dosage de l'ammonium

Le dosage de l'ammonium est réalisé à l'aide de la méthode dite « méthode de salicylcate ». Cette technique permet le dosage des ions ammonium dans la gamme 0,4 à 50 mg $N\text{-}NH_4^+.L^{-1}$. Elle consiste à faire réagir dans un tube à usage unique, 0,1 ml d'échantillon (de surnageant ou de perméat), de salicylate d'ammonium et de cyanure d'ammonium en milieu basique. La solution est conservée 20 minutes à l'obscurité, une coloration verte apparait à cause de la présence des ions NH_3. La mesure est alors effectuée sur un colorimètre HACH (DR/2500). Cette méthode présente l'avantage d'utiliser des faibles volumes de réactifs et d'échantillon.

II.2.1.3 Dosage de nitrate

La méthode de réduction au cadmium est celle utilisée pour le dosage de nitrate entre la gamme de 0,3 à 30 mg/L en NO_3^- : 10 mL de surnageant est mis dans une cuve dans laquelle est ajouté le réactif Nitraver5. Après 5 min de réaction on mesure la concentration en $N-NO_3^-/L$ à l'aide de spectrophotomètre HACH DR/2500.

Les méthodes de mesure de la concentration de nitrate et ammonium mentionnées ci-dessus sont utilisées essentiellement au début de la thèse, puis une sonde multi paramètres (WtW MIQ/TC 2020XT) a été utilisée pour une lecture en ligne de ces valeurs.

II.2.1.4 Dosage de nitrite

La méthode de dosage des nitrites ressemble à celle de nitrate sauf que cette fois-ci on est dans la gamme de 0,002 à 0,3 mg/L de NO_2^-. L'échantillon préparé, on ajoute un réactif (Nitriver 3), la mesure s'effectue après 20 min à l'obscurité à l'aide d'un spectrophotomètre DR/2500.

II.2.1.4 Mesure de carbone organique dissous

La mesure s'effectue à l'aide d'un COTmètre SHIMADZU (V CSH/SCN) sur un échantillon de perméat et surnageant préalablement filtré.

II.3. Grandeurs pouvant caractériser la filtrabilité d'une suspension biologique

II.3.1 Indice du Molhman (IM)

L'indice volumique des boues est le volume des boues après 30 min de décantation rapporté à l'unité de Matière en Suspension (MES), souvent exprimé en $cm^3/gMES$:

$$IM = \frac{V_{30}}{[MES]} \qquad (II.1)$$

L'indice peut aussi s'exprimer seulement au travers du volume occupé par un litre initial de boues après 30 minutes de décantation :

$$IB = V_{30} \qquad (II.2)$$

Ces indicateurs sont généralement utilisés pour caractériser l'aptitude à la décantation d'une boue, plus les flocs sont denses, hydrophobes, sphérique, plus ils se séparent vite de l'eau libre environnante. On peut penser que cette caractéristique est aussi valable en filtration où l'on cherche à déshydrater la boue. Le tableau II.2 donne l'évaluation de la décantation des boues selon l'IM.

Tableau II.2 Evaluation de la décantabilité de la suspension (Lee et al., 2003)

IM (mLgMES^{-1})	Décantabilité des boues
< 80	Excellent
80-150	Modérée
> 150	Mauvaise

II.3.2 Détermination de la résistance spécifique de la suspension biologique

La mesure de la résistance spécifique de la suspension se fait par voie conventionnelle, en mode de filtration frontale, à l'aide d'une cellule de filtration (figure II.3).

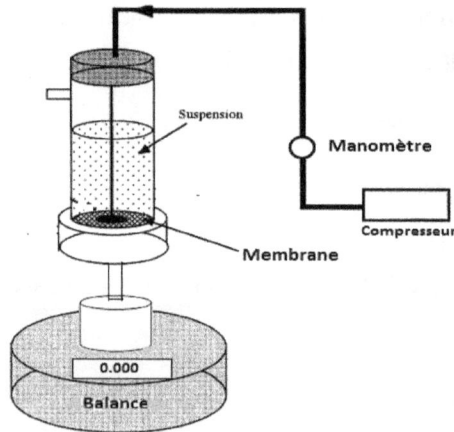

Figure II.3 Cellule de filtration frontale.

Cette cellule est composée d'une cuve cylindrique de 100 mL de volume utile connectée à un réservoir pressurisé par de l'air comprimé et dont la pression est indiquée par un manomètre. A la base de la chambre cylindrique, une ouverture grillagée permet de placer un filtre de seuil de coupure défini (membrane en acétate de cellulose de diamètre de pore 50 nm). Le bas de la cellule s'ouvre sur un récipient qui permet de recueillir l'eau filtrée, ce récipient est à pression atmosphérique.

70

Lorsque la suspension est placée à l'intérieur de la chambre au-dessus du filtre, une pression définie est imposée au-dessus de la suspension (souvent 0,5 bar). De l'eau traverse alors le filtre et les matières retenues s'accumulent au-dessus de la barrière filtrante pour former un dépôt humide. Selon les caractéristiques de ce dépôt et les conditions de filtration choisies, la vitesse d'écoulement d'eau est plus ou moins importante, son évolution dans le temps va indirectement permettre de caractériser la filtrabilité de la suspension voire l'origine principale du colmatage (en s'aidant du modèle d'Hermia).

Le volume de filtrat récolté à chaque instant est connu par le suivi au cours du temps de la masse instantanée de perméat récupéré. Cette mesure se fait par pesée sur une balance et l'acquisition est automatisée.

Pour calculer la résistance spécifique, l'hypothèse d'une filtration sur gâteau est dominante. La loi de Darcy modifiée par la présence d'un dépôt sur la membrane poreuse s'écrit:

$$J = \frac{PTM}{\mu(Rm+Rd)} = \frac{1}{S}\frac{dV}{dt} \tag{II.3}$$

Avec :

Rm: résistance de la membrane (m^{-1}).

μ: viscosité dynamique du fluide filtré (Pa.s).

S: surface de la membrane de filtration (m^2).

V : volume de filtrat recueilli à l'instant t (m^3).

t : durée de l'opération à l'instant considéré.

Si la suspension à filtrer reste homogène pendant la filtration, le terme R_d (résistance du dépôt en mode frontal) augmente proportionnellement au volume filtré V et à la masse sèche de gâteau M.

$$R_d = \alpha.M = \alpha.W.\frac{V}{S} \tag{II.4}$$

Avec :

α: Résistance spécifique du gâteau de filtration (m.kg^{-1})

M : la masse de dépôt (poids sec, kg) supposée proportionnelle au volume de filtrat V obtenu à l'instant t,

W: coefficient de proportionnalité (kg.m^{-3}) entre M et V. Pour des solutions diluées (< 20 g/L), le coefficient de proportionnalité entre M et V, W peut être supposé égal à C, concentration en MES dans la suspension à filtrer (kg/m^3).

Faisant la substitution du terme Rd dans (II.4) et intégrant l'équation II.3 sous une hypothèse d'une filtration à pression constante lorsque le travail est conduit avec la cellule de filtration, il est facile de trouver la relation liant t/V et V :

$$\frac{t}{V} = \frac{\mu}{PTM.S}\left[\frac{\alpha.C}{2S}.V + R_m\right]$$
(II.5)

Le produit α.C (m^{-2}) apparaît comme l'inverse d'une perméabilité, il peut donc aussi traduire une résistance à l'écoulement rencontrée par l'eau forcée à traverser le milieu considéré.

La valeur de α peut être trouvée en traçant l'évolution de t/V en fonction de V après le calcul de la pente (a) de la droite obtenue (si le modèle de filtration sur dépôt est vérifié) :

$$\alpha = 2\frac{aPTMS^2}{\mu C}$$
(II.6)

II.3.4 Mesures des résistances hydrauliques

Les filtrations sont conduites en continu sans aucun rétro-lavage en cours d'opération. Lorsque le lavage des membranes est décidé (souvent à la fin d'une campagne), la régénération des membranes est conduite en plusieurs étapes pour quantifier les différents processus de colmatage défini dans la section I.3.4 de l'analyse bibliographique.

- Le module membranaire est extrait du réacteur et les membranes sont d'abord simplement rincées sous l'eau du robinet. Cette première étape permet

72

d'éliminer les particules et composés simplement déposés en surfacc de membrane sans adhésion forte entre ces composés et la surface des membranes. Une mesure de perméabilité de la membrane à l'eau est alors effectuée pour connaître la part de résistance éliminée par ce premier rinçage.

- La deuxième étape de nettoyage consiste en un essuyage des membranes avec une éponge humide. Cette étape doit permettre d'éliminer les composés (de type biofilm) ayant adhérer à la surface des membranes et qui n'ont pas été éliminés par le rinçage. Après cette deuxième étape, une mesure de perméabilité de la membrane à l'eau est effectuée pour connaître la part de résistance éliminée par cet essuyage.

- La troisième étape consiste à un lavage final pour éliminer les composés bloqués dans les pores des membranes (soit par le fait d'encombrement stérique, soit par adsorption). Ce lavage se fait par l'emploi de solutions chimiques, d'abord alcalines, (pour éliminer les fractions organiques), puis acides, (pour dissoudre les fractions minérales), enfin oxydantes pour éliminer les germes libres fixés sur la membrane. Les caractéristiques des solutions de lavage sont données dans le tableau II.3. Après chaque étape de lavage chimique la membrane est rincée à l'eau. À la fin de ce lavage chimique, une mesure de perméabilité est effectuée. La membrane traitée doit alors avoir retrouvé une perméabilité initiale proche de celle avant usage.

La figure II.4 illustre ces différentes étapes de lavage pour passer d'un état de membranes colmatées en fin d'opération de filtration aux membranes propres régénérées en fin du cycle de lavage.

Tableau II.3 Protocole de lavage chimique des membranes.

Etape de lavage	Concentration des réactifs	Durée de l'immersion
Rinçage manuel à l'eau		
Bain dans une solution de soude	4 g/L	24h
Bain dans une solution d'acide citrique	22 g/L	5h
Bain dans une solution d'hypochlorite de sodium	0,2 g/L	5h

La figure II.4 permet aussi de comprendre facilement comment seront calculés les impacts respectifs des différentes origines du colmatage (en prenant l'hypothèse simplificatrice de résistances additionnelles) :

- la résistance du dépôt sera égale à : $R_g = R_t - R_1$ (II.7)

- la résistance du biofilm sera égale à : $R_{bio} = R_1 - R_2$ (II.8)

- la résistance irréversible liée à l'adsorption sera égale à :

$$R_{ads} = R_2 - R_3 = R_2 - R_m \qquad (II.9)$$

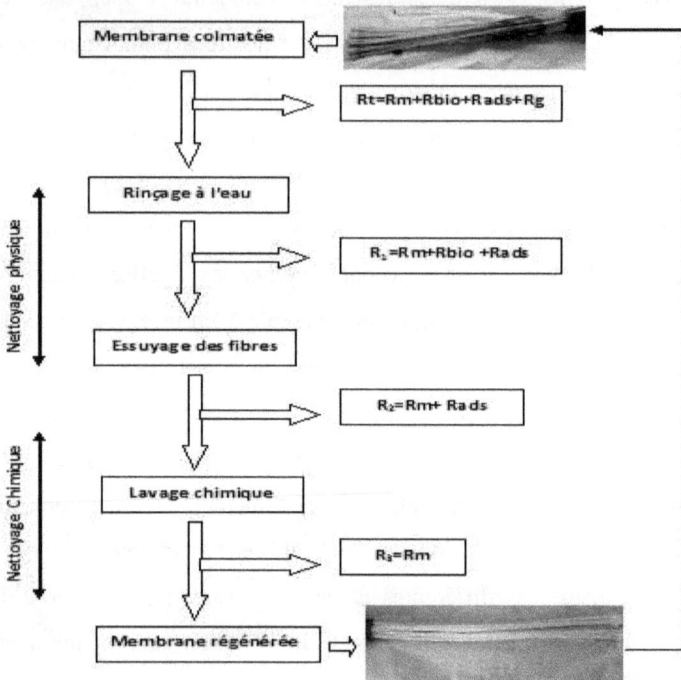

Figure II.4 : Protocole de régénération des membranes

II.4 Méthodes pour quantifier l'activité de biomasse

L'activité de la biomasse est caractérisée au travers de différentes méthodes conventionnelles :

- Suivi de la production de co-produits, boues en excès et exopolymères notamment,

- Activités respirométriques par le suivi de la demande en oxygène de la biomasse placée dans différentes conditions de fonctionnement.

II.4.1 Production de boues

La production de biomasse est évaluée au travers de la mesure en MES et en MVS au cours du temps dans le réacteur et par la quantification des flux extraits quotidiennement.. Les MES et MVS sont mesurées par filtration d'un volume connu de suspension sur une membrane 0,45 mm, suivi d'une déshydratation du gâteau de filtration à 105°C puis d'une volatilisation. La quantification de la population des bactéries se détermine par la mesure des concentrations en MES et MVS contenue dans le BAM selon les normes standard (APHA,1992). La production des boues est exprimée en kgMVS$_{produite}$/DCO $_{éliminé}$ ou kgMVS$_{produite}$/kgN $_{éliminé}$. et est donnée par l'équation II.10

$$PB = \frac{Q_w MVS}{Q_e(DCO_e(N_e) - DCO_s(N_s))} \qquad (II.10)$$

II.4.2 Production d'exopolymères

L'alimentation synthétique ne contient pas d'exopolymères, leur présence au sein du réacteur ne peut donc avoir pour origine que l'activité bactérienne et ils pourront donc être considérés comme des produits microbiens.

II.4.2.1 Dosage des protéines

Les protéines sont dosées suivant la méthode de Lowry modifiée par Frolund (1995). Cette méthode repose sur la formation d'un complexe entre les liaisons peptidiques et le sulfate de cuivre $CuSO_4$ ajouté en milieu alcalin. Ce complexe réduit alors les acides phosphomolybdiques et phosphotungstiques du réactif Phénol' Folin' Ciocalteau pour donner un second complexe de couleur bleue, dont l'intensité est mesurée par spectrophotométrie à 750nm. Les concentrations en protéines étalons ont été réalisées entre 0 et 200 mg/L avec du sérum albumine bovin.

II.4.2.2 Dosage des polysaccharides

La méthode colorimétrique utilisée dans notre étude est celle établie par Dreywood en 1946. L'échantillon est chauffé en présence d'acide sulfurique et d'anthrone (2 g d'anthrone dans 1L d'acide sulfurique à 98%). Les polysaccharides sont hydrolysés, durant le chauffage, par l'acide sulfurique puis les monosaccharides sont déshydratés par l'anthrone (coloration verte). Le protocole opératoire de dosage des polysaccharides est décrit ci dessous. On laisse refroidir rapidement pendant 30 min, on homogénéise et on lit l'absorbance au spectrophotomètre dans des cuves de 1 cm de trajet optique de 625 nm. La gamme étalon est préparée avec du glucose pour des concentrations comprises entre 10 et 150 mg/L. La concentration en polysaccharides s'exprime en mg équivalent de glucose par litre.   Lors de manipulation une interférence a été remarquée avec l'apparition d'une coloration marron. Pour éviter cette interférence une manipulation a été faite pour trouver l'élément responsable de cette interférence et la concentration en dessous de laquelle l'interférence n'apparait plus (Annexe A). Afin de vérifier et de quantifier cette interférence, trois courbes de calibration ont été construites dans le domaine 0-150 mg de glucose /L avec une solution de glucose (i) seule, (ii) avec KNO_3 ajouté dans une solution de glucose (pour trois concentrations différentes: $35 mgN. L^{-1}$, $60 mgN.L^{-1}$ et $100 mgN.L^{-1}$), (iii) $NaNO_3$ ajouté en solution de glucose (par aussi trois concentrations différentes $35 mgN.L^{-1}$, $60 mgN.L^{-1}$ et $100 mgN.L^{-1}$). Les résultats ont montré que l'écart de mesure avec la solution de glucose seule n'était pas significatif pour une concentration en nitrate inférieure ou égale à $35 mgN.L^{-1}$, mais que cet écart ne pouvait plus être négligé pour une concentration en nitrates supérieure à $60 mgN.L^{-1}$. Par la suite, les polysaccharides ont été analysés après dilution des échantillons pour obtenir une concentration en nitrates inférieure à $35 mgN.L^{-1}$.

Le résultat présenté en Annexe A montre que la présence de nitrate dans les échantillons interfère avec la mesure des polysaccharides (une couleur brune est générée au lieu de la couleur verte).

II.5 Besoins respirométrique

La respirométrie permet de visualiser et quantifier simplement et rapidement des cinétiques biologiques aérobies en suivant l'évolution temporelle de la concentration en oxygène dissous dans le réacteur. Il existe plusieurs méthodes de mesure des besoins respirométriques d'une population bactérienne, seule la respirométrie en réacteur fermé de type batch a été utilisée dans ce travail, notamment parce qu'elle présente l'avantage de s'affranchir des phénomènes de transfert d'oxygène de l'air dans le milieu.

Pour effectuer ces mesures, le protocole suivant a été mis en place : Un volume de 250 ml de boue de réacteur est prélevé et mis dans un autre réacteur batch fermé et agité par un barreau aimanté (550 à 600 tours/min). Le pH est toujours contrôlé afin qu'il ne soit pas un facteur limitant à la réaction. Les besoins en oxygène sont évalués par la mesure de la concentration instantanée d'oxygène dissous dans le milieu, mesure faite en ligne par un oxymétre (Oxi 330i). La vitesse d'évolution de la concentration en oxygène dissous est aussi appelée « Oxygen Uptake Rate » OUR. La température est également mesurée pendant les tests. Le dispositif expérimental utilisé est présenté à la figure II.5.

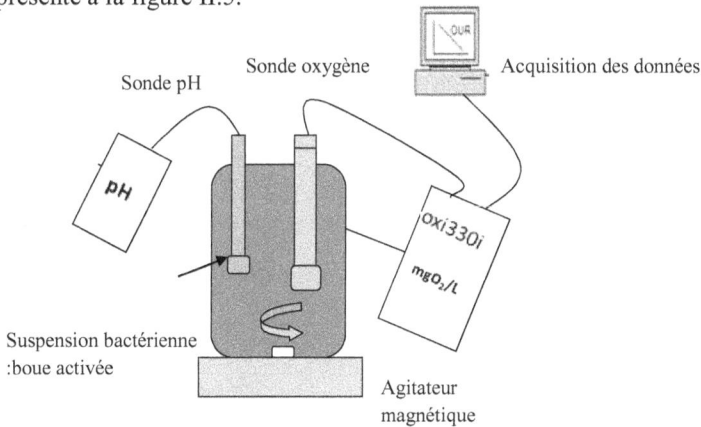

Figure II.5 Photo du dispositif expérimental pour le suivi de l'activité des bactéries.

Les essais de respirométrie ont été conduits :

- En respiration endogène : un échantillon de boue prélevé dans le réacteur est mis sous aération dans le réacteur batch sans substrat exogène pendant 24h. Ce temps est suffisant pour atteindre une vitesse de respiration OUR_{end} constante, il peut alors être supposé que les substrats biodégradables présents initialement dans l'échantillon extrait ont été était consommés pendant ce temps de respiration endogène.

77

- Une respiration exogène grâce à l'apport ponctuel (impulsion) d'un substrat défini. Après ces 24h de respiration endogène, une impulsion de substrat organique ou minéral est réalisée dans le réacteur batch, la nature de ce substrat est: Une solution de chlorure d'ammonium NH_4Cl correspondant à un apport de 1.03mgN/L. Ce substrat doit permettre aux bactéries autotrophes nitrifiantes de retrouver des conditions exogènes de travail avec une demande en oxygène élevée. La figure II.6 montre la réponse de la sonde à oxygène pendant la phase endogène (A) et après l'injection impulsion de substrat (B).

- Une respiration exogène grâce à un macro-injection de substrat azoté sur les boues de réacteur soumise à une aération prolongée. La Figure II.7 montre l'allure de OUR en fonction de temps lors de suivis d'un macroinjection.

Dès que le substrat a été assimilé, la demande en oxygène retrouve pratiquement la valeur observée pendant la phase endogène précédente.

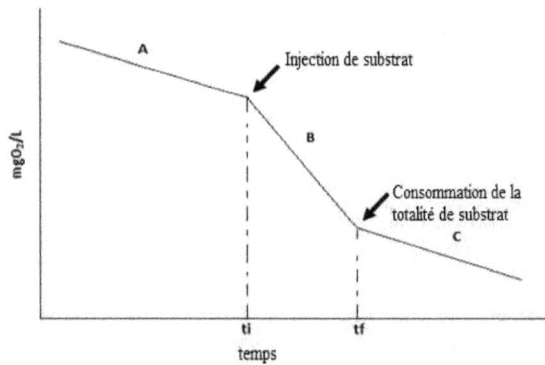

Figure II.6 Addition de substrat à une boue aérée.

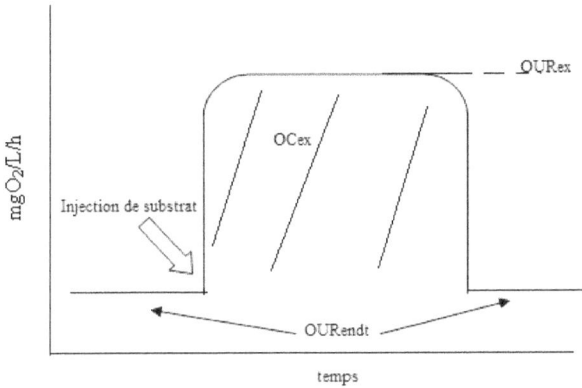

Figure II.7 Courbe obtenue suite à un macro-injection substrat azoté.

Par ailleurs, afin de quantifier l'activité relative des différentes populations présentes dans la polyculture bactérienne, des inhibiteurs spécifiques ont été ajoutés à l'échantillon de boue placé dans le réacteur batch :

- La solution d'ATU (allythiourée : 10 mg.L^{-1} (Choubert 2002) est connue comme inhibiteur des micro-organismes autotrophes et plus particulièrement de la population ammonio-oxydante (Spérandio, et Paul, E., 2000).

- La solution de Sodium azide, 24µM ou de sodium chlorate ClO_3^- (2,3mol/L) est connue comme inhibiteur des nitrobacters (Chandran et al., 2000)

Ainsi, lors de l'étape endogène, les besoins en oxygène sont liés à la respiration des cultures hétérotrophes et autotrophes. L'ajout de la solution d'ATU permet d'inhiber l'activité de *nitrosomonas*, un ajout supplémentaire de sodium azide ou de ClO_3^- permet en plus d'inhiber l'activité de *nitrobacter* pour ne laisser actif que les cultures hétérotrophes.

La figure II.8 représente l'exemple d'une courbe obtenue après des additions successives des inhibiteurs de nitrification.

Les différences de pente obtenues permettent de remonter aux besoins spécifiques en oxygène des différentes cultures et d'en déduire (voir le chapitre modélisation) la proportion relative des espèces actives dans le réacteur.

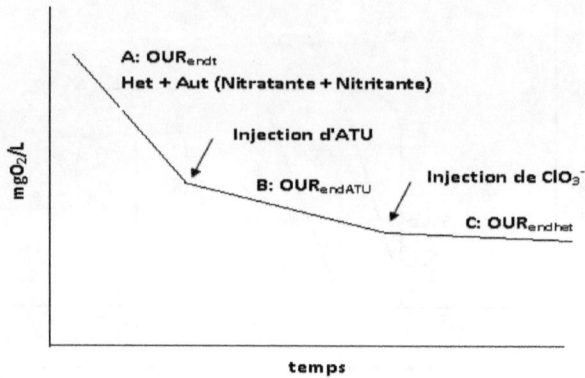

Figure II.8 Courbe obtenue suite aux injections d'inhibiteurs sur une boue aérée.

L'activité respirométrique des autotrophes par rapport celles totales est calculée par l'équation suivante :

$$\%\text{Activité Aut} = 1 - \frac{OUR_{endhet}}{OUR_{endt}}$$

(II.11)

Lors de la manipulation l'injection de l'ATU et ClO_3^- a été fait au même temps.

La méthode respirométrique est ainsi souvent utilisée pour :

- La quantification de plusieurs variables d'état du modèle ASM1 telles que Ss et Xs (UbayCokgöret al., 1998; Spérandio et Paul, 2000), par déduction, les fractions inertes solubles et particulaires de la DCO (Orhon et al., 2003).

- La détermination des coefficients cinétique liés aux processus de nitrification, nécessaires au dimensionnement et à la modélisation des réacteurs à partir de modèles, par exemple, ceux de la famille ASM (Henze et al., 1987; Henze et al., 1995; Gujer et al., 1999). Les coefficients de rendement de la biomasse hétérotrophe et autotrophe (Y_H, Y_A respectivement) sont des exemples des paramètres stœchiométriques qui peuvent être évalués par respirométrie (Vanrolleghemet al., 1999). Le coefficient de conversion des bactéries nitrifiantes (Y_A) est le rapport entre la demande en oxygène de la biomasse autotrophe produite (X_{BA}) et la demande en oxygène de l'azote oxydé (Henze et al., 1987; Vanrolleghemet al., 1999; Chandran et Smets, 2001). Le coefficient de conversion (Y_A) peut être estimé à partir des analyses respirométriques dans lesquelles de l'ammonium est additionné à un échantillon de boue activée nitrifiante (Vanrolleghemet al., 1999). Les analyses respirométriques permettent aussi l'estimation des paramètres cinétiques de la nitrification (μ_A, vitesse maximale spécifique de croissance des bactéries nitrifiantes et K_{NH}, constant d'affinité) (Gernaey et al., 1998).

II.6 Conclusion

Durant cette étude, une procédure a été adoptée pour la détermination des coefficients cinétiques propres à la nitrification et pour la détermination de la fraction de population nitrifiante dans le bioréacteur.

CHAPITRE III: ETUDE DES PERFORMANCES BIOLOGIQUES
ET MODÉLISATION

En épuration biologique d'eau usée urbaine, il est très difficile d'identifier tous les processus de base nécessaires à la description précise du fonctionnement d'un système biologique. De plus les propriétés et la nature même du milieu réactionnel, composé d'une polyculture épurative, sont en perpétuelle évolution par le fait d'un flux entrant variable en débit, en composition et concentration.

Il est pourtant nécessaire, pour l'ingénieur « procédés », de posséder un nombre d'outils suffisant pour proposer le dimensionnement des ouvrages comme d'avoir des outils de contrôle pour permettre une exploitation optimale.

III.1 De l'approche simplissime à l'approche approfondie

Pendant très longtemps, les équations de dimensionnement ont reposé sur des bilans matière aux bornes du réacteur fonctionnant en régime stationnaire, couplés à une approche hydrodynamique simple du réacteur (notamment vis-à-vis du degré de macro-mélange par des modèles « idéaux ») et associée à une approche cinétique basée sur des réactions irréversibles du premier ordre par rapport à un substrat limitant.

Les grandeurs déterminantes pour le choix des coefficients cinétiques étaient souvent des grandeurs « macroscopiques »:

- La charge organique entrant dans le réacteur biologique. Elle représente le flux journalier de pollution ciblée, caractérisé globalement par sa demande en oxygène journalière, (pollution organique) à traiter rapporté (i) soit au volume utile du réacteur, c'est alors une charge volumique C_v (grandeur souvent utilisée notamment lorsque la concentration en matière active est difficile à mesurer in situ, cas des réacteurs à culture fixée en lit fixe par exemple), (ii) soit à la masse biologique présente dans le réacteur, c'est alors une charge massique C_m (souvent utilisée si la concentration en biomasse est continûment accessible à l'opérateur, cas des réacteurs à culture libre ou fixée sur un support fluidisé par exemple).

$$Cv = Q.Si/V \quad \text{et} \quad Cm = Q.Si/X_{MVS}.V$$

Avec

$Cv \ (kgDBO_5. \ j^{-1}.V^{-1}) \quad \text{et} \quad Cm = (kgDBO_5.kgMVS^{-1}. \ j^{-1})$:

respectivement la charge volumique et la charge massique.

Q : flux volumique d'eau à traiter (m^3/j)

Si : concentration en substrat dans l'eau à traiter $(kgDBO_5/m^3)$

V : volume du réacteur (m^3).

X_{MVS} : concentration en biomasse dans le réacteur assimilée à la fraction particulaire volatile dans le réacteur.

- Le temps de séjour hydraulique HRT (hydraulic retention time) correspond à la durée théorique de l'effluent dans le réacteur. Il est défini comme le rapport entre le volume utile du réacteur et le débit volumique d'eau à traiter : HRT= V/Q. Ce temps peut être considéré comme le temps de contact moyen (distribution du temps de séjour) pour l'échange de matière entre la phase liquide à traiter et la biomasse particulaire présente dans le réacteur.

- Le temps de séjour de la phase solide, TSB (temps de séjour des boues, également appelé âge des boues), défini comme le rapport entre la masse biologique présente dans le réacteur et le flux de biomasse extrait journellement du système, TSB= MVS.V/Ms (où Ms est la masse biologique extraite du système par jour). TSB représente alors le temps moyen disponible pour la biomasse pour assimiler, dans les conditions imposées, les fractions polluantes transférées de l'eau vers la masse biologique).

Le choix initial des grandeurs HRT et TSB (ou Cv et Cm) fixe en général les valeurs d'efficacité du procédé ainsi que des coefficients cinétiques importants comme :

- Le taux de conversion observé Y_{obs}, représentant le flux de biomasse produit (appelée aussi production relative de boues par le système biologique) rapporté au flux de pollution éliminé (kgMES.kgDBO$_5$$^{-1}$par exemple). La valeur de TSB (ou Cm et Cv) indique aussi le degré de minéralisation de cette biomasse.

- Les besoins en oxygène (et indirectement les besoins en énergie pour fournir l'accepteur d'électron indispensable à l'oxydation par voie biologique) souvent exprimés au travers d'un rapport Y$_{O2}$ représentant le flux d'oxygène à fournir rapporté au flux de pollution à traiter exprimé en kgO$_2$ kgDBO$_5$$^{-1}$.

Des exemples de valeurs de ces paramètres sont donnés dans le tableau III.1.

Tableau III.1 Exemples de valeurs des paramètres opératoires.

Modèle de productions de boues (kgMES.j^{-1})			
Sadowski ,2002	Φboues = FluxMES$_{minérales}$ + FluxMVS$_{nonbiodégradable}$ + (0,83+0,2logCm)fluxDBO$_{5éliminée}$+0,17flux$_{Azote\,nitrifié}$ Y$_{obervé}$ = Φboues produites/ Q(Si-Se)		
Besoins en oxygène (kgO$_2$/j)			
Eckenfelder, 1988	Φ_{O2}=a'Q(Si-Se)+b'MVSV+4.3fluxNitrifié-2,85 flux Ndénitrifié YO$_2$= ΦO$_2$/Q(Si-Se)		
Coefficients respirométriques a' et b' en fonction de la charge massique			
Cm(j^{-1})	0,1	0,2	>0,4
a'(kgO$_2$kgDBO$_5$$^{-1}$)	0,65	0,6	0,5
b'(kgO$_2$kgDBO$_5$$^{-1}$j^{-1})	0,06	0,08	0,1

Toutefois, ces approches simplifiées conduisent souvent à des surdimensionnements des unités et ne permettent en aucun cas de fournir des outils de maîtrise et de compréhension des processus intrinsèques. En effet, assimiler la population biologique active au travers d'un seul paramètre global représenté par la concentration en matière volatile en suspension MVS, ne permet de distinguer ni les populations biologiques présentes ni les fractions organiques réellement actives des fractions organiques inertes. Ce macro-indicateur ne peut donc en aucun cas (i) faciliter la compréhension de la dynamique intrinsèque des populations biologiques actives ou (ii) définir des outils prédictifs pour la conduite du système en conditions transitoires. Il en est de même pour la caractérisation des substrats, représenter les nombreuses molécules organiques présentes dans une eau usée par un critère global telle que la DBO_5, la DCO ou le COT ne peut en aucun cas être représentatif des composés multiples à éliminer, pas plus que d'exprimer une vitesse réactionnelle au travers d'un seul coefficient cinétique pour un substrat complexe dont la vitesse d'assimilation est souvent propre à chacun des composés qui le composent. Les grandeurs globaux, tels que MVS, DCO… sont alors dénommés variables composites car elles intègrent un grand nombre de familles de composés. Ainsi, à l'exception d'études sur substrat et culture purs, ces variables ne peuvent pas être réellement représentatives des processus réactionnels dans un réacteur biologique.

Dans les années 1980, un groupe de chercheurs à essayer de répondre en partie à cette problématique en définissant des variables dites d'état, non au sens thermodynamique du terme mais au sens d'un fractionnement élémentaire de composés présents dans une eau usée. Cette nouvelle nomenclature permet de: (i) classer les composés polluants selon leur nature (organique ou minérale, particulaire ou soluble) et leur biodégradabilité (facilement, lentement et non biodégradable) et (ii) séparer les grandes familles de populations épuratives selon leur caractère hétérotrophe ou autotrophe et leur domaine d'activité en lien avec le potentiel d'oxydo-réduction imposé dans le milieu réactionnel. La mise en place, à la même époque, d'outils numériques et de logiciels associés accessibles a permis le développement de ces modèles (Henze et al., 1987) aussi bien dans les équipes de recherche et de formation que dans les grands bureaux d'étude. Ces nouveaux concepts ont levé un verrou technologique jusqu'alors difficilement surmontable et permis de développer de nombreux outils favorisant (i) la compréhension des processus élémentaires (dégradation de la matière organique, transformation de la pollution azotée, production de biogaz, besoins en énergie associés, etc) et (ii) la définition d'outils de maîtrise en ligne des processus (intérêt du suivi de l'oxygène dissous, …).

Si de nombreuses et nouvelles méthodes analytiques permettent aujourd'hui la caractérisation des substrats présents dans l'eau à traiter selon la décomposition indiquée, la limitation des outils de modélisation reste encore liée à l'identification précise des populations bactériennes actives et la mesure de leur capacité propre de réactions, voire de la symbiose entre populations pouvant permettre une activation catalytique des réactions. L'apport du génie microbiologique comme la définition d'outils de vérification du fractionnement utilisé pourront sans doute être décisif sur ce point dans les années à venir.

Ce chapitre est centré sur la caractérisation de l'activité propre de populations épuratives autotrophes dans un réacteur de traitement d'eau usée. Il a été construit autour de cinq tâches:

- **Tâche 1**: Analyses du fonctionnement d'un bioréacteur à membranes nitrifiant AutoBAM lors de trois campagnes de travail

- **Tâche 2 :** Détermination de coefficients cinétiques et stœchiométriques du modèle, à savoir Y_A, b_A, μ_{Am}, K_{NH}, pour différentes campagnes conduites à différents SRT et HRT dans un réacteur pilote de laboratoire. Cette tâche sert à caler les paramètres du modèle et déterminer l'évolution de certaines variables d'état, notamment la biomasse active.

- **Tâche 3**: Définition et linéarisation des équations de base à partir du modèle ASM1 pour le fonctionnement d'un réacteur biologique en régime permanent. Ce développement sera suivi d'une analyse de sensibilité de modèle.

- **Tâche 4 :** Détermination de la concentration en biomasse active par respirométrie, la valeur trouvée sera comparée à celle simulée par l'emploi du modèle utilisé. Cette approche permettra de définir de nouveaux critères pour caractériser la population nitrifiante.

- **Tâche 5**: Etude de cas : L'approche développée sera analysée au travers d'autres échantillons des boues pris de deux stations d'épuration à milieu biologique plus complexe.

III.2 Analyses du fonctionnement d'un bioréacteur à membranes nitrifiant au cours de trois campagnes de travail.

Les résultats présentés dans ce chapitre sont issus de trois campagnes expérimentales.

III.2.1 Présentation des campagnes

Un ensemencement du bioracteur utilisé pendant les trois campagnes a été fait seulement au début de la première campagne avec des boues prélevées de la station d'épuration de la commune de Saint Clément de Rivière. Cette station dont le procédé est à boues activées à faible charge, traitant les eaux usées d'une ville de 5000 Equivalents-Habitants (EH).

Au cours des expérimentations, le réacteur est alimenté avec un substrat synthétique composé d'eau du robinet additionnée de chlorure d'ammonium (NH_4Cl) avec un complément de sels de phosphore sous forme de hydrogénophosphate de diammonium ($(NH_4)_2HPO_4$). Du carbonate de sodium (Na_2CO_3) est également ajouté pour apporter l'alcalnté necessaire à la réaction de nitrification. Aucun apport exogène de carbone organique n'a été effectué dans le réacteur (le rapport DCO/N est toujours nul dans le flux d'entrée).

Le tableau III.2 donne les conditions de travail imposées pendant les trois campagnes d'étude. Pendant la première période, une charge en azote de 0,22 kgN.$m^{-3}j^{-1}$ et un âge des boues de 20 jours sont imposés (l'âge de boues est régulé par deux extractions journalières de boues du bioréacteur). Après avoir atteint le régime permanent (pendant lequel une étude cinétique a été réalisée), la charge en azote a été doublée (passant de 0,22 à 0,44 kgN.$m^{-3}j^{-1}$). Cette période correspond à la seconde campagne.

Pour la troisième campagne, la charge en azote a été légèrement diminuée par rapport à la campagne II, passant de 0,44 à 0,374 kgN. $m^{-3}j^{-1}$, par contre, l'âge de boues a été fixé à 40 jours. En début de troisième campagne, l'extraction de boues a été momentanément stoppée pour atteindre plus rapidement les valeurs de concentrations en MES et MVS attendues.

Au cours des trois campagnes, le pH a été régulé par addition de soude (2N), il a ainsi varié dans un intervalle de 7.5±0.5 (Il est néanmoins apparu quelques périodes de dysfonctionnement dues au système de régulation).

Tableau III.2 Conditions opératoires. (pH =7,5±0,5).

Campagne	I	II	III	
TSB (j)	20	20	Sans extraction	40
Période	01/12/2011-15/01/2011	16/01/2012-30/01/2012	31/01/2012-16/02/2012	17/02/2012-03/04/2012
Flux Membranaire (L/m^2/h)	10	20	17	17
HRT (j)	0,625	0,312	0,334	0,334
NLR (kgN/m^3/j)	0,22	0,44	0,374	0,374
OLR (kgCOD/m^3/j)	0	0	0	0
T_m(°C)	18,03	17,75	18,5	18,3

Les performances du bioréacteur à membranes ont été suivies pendant ces trois campagnes au travers de la mesure des grandeurs suivantes :

- évolution des matières en suspension (MES et MVS)
- évolution des formes azotées (N-NH$_4$, N-NO$_2$, N-NO$_3$)
- évolution du taux de conversion Y_{obs}
- évolution des teneurs en matières organiques formées en lien avec l'activité biologique (DCO, COT et EPS)
- activités respirométriques des populations bactériennes

Les résultats sont présentés ci-après.

III.2.2 Evolution de MES, MVS

La figure III.1 présente l'évolution des concentrations en matière en suspension (MES) et matière volatile en suspension (MVS) dans le bioréacteur pendant les trois campagnes étudiées. Les valeurs moyennes des charges volumique et massique en azote ammoniacal sont également indiquées sur la même figure.

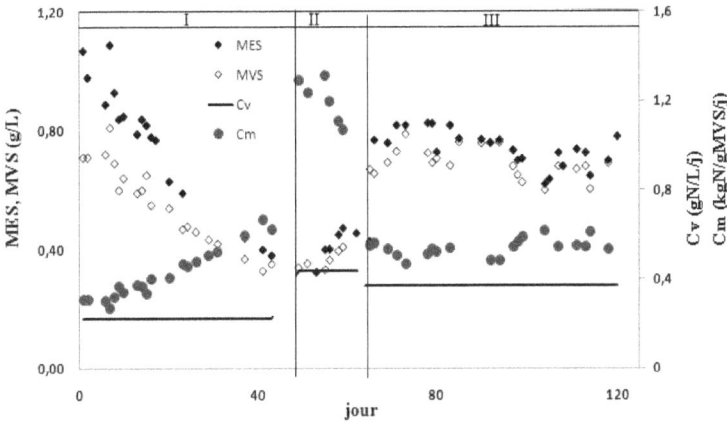

Figure III.1 Evolution des MES, MVS, la charge volumique, la charge masique
pour les campganes I à III.

Durant la première campagne, les concentrations en MES et MVS montrent une diminution progressive due :

- à l'extraction continue de boues du système correspondant à l'âge de boues choisi.

- à la décroissance des populations hétérotrophes due à l'attrition endogène imposée par l'absence de substrat organique dans le flux d'entrée

Après environ 40 jours de fonctionnement (soit 2 fois l'âge de boues), les valeurs de concentrations se stabilisent à 0,38 g/L, 0,35 g/L respectivement pour les MES et MVS, soit un rapport MVS/MES proche de 93%. A la fin de cette première campagne, il faut noter que la charge massique en azote (rapportée à MVS) a plus que doublée par rapport à sa valeur initiale pour atteindre une valeur proche de 0.58 gN/gMVS/j (la charge volumique est bien entendu restée constante). Pour la seconde campagne, le doublement de la charge volumique en azote, de 0,22 à 0,44 gN/L/j, a fait augmenter les concentrations de MES et MVS d'environ 30%.

Pour la troisième campagne, l'augmentation de l'âge de boues correspond à une augmentation sensible des concentrations en MES et MVS dont les valeurs moyennes atteignent respectivement, après stabilisation, 0,78gMES/L, 0,75gMVS/L (le rapport MVS/MES est alors proche de 96%). Exprimée par rapport à la teneur en MVS, la charge massique en azote est alors de 0,54 gN/gMVS/j, soit une valeur proche de celle de la campagne I.

III.2.3 Evolution des formes azotées

La figure III.2 présente les évolutions des formes azotées pour les trois campagnes.

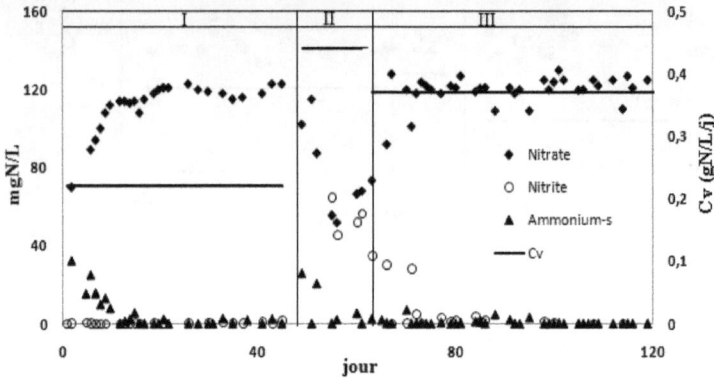

Figure III.2 Evolution des formes azotées.

En début de la première campagne, la concentration en ammonium apparaît relativement élevée. Ceci montre sans doute que la charge en azote appliquée initialement sur les boues issues de la station communale était trop élevée par rapport à l'activité des espèces autotrophes présentes dans le milieu. Après une quinzaine de jours, les teneurs en ammonium sont pratiquement nulles, à l'inverse, les concentrations en nitrates sont maximales. Environ 94% de l'azote ammoniacal a été transformé en azote nitrate. Les mesures sur les nitrites n'ont pas mis en évidence leur présence dans le réacteur pendant cette première campagne, par contre d'autres formes azotées NH_2OH, N_2O... n'ont pas été recherchées, une partie de l'azote ammoniacal a aussi servi à la croissance cellulaire. Le doublement de la charge en azote (de 0,22 à 0,44gN/L/jour) en début de campagne II a clairement occasionné une perturbation importante du système biologique, élimination de l'ion ammonium incomplète, nitrification très partielle, apparition nette d'ions nitrites dont la concentration atteint même une valeur de 64.8 mg $N-NO_2^-$/L au jour 55. En fin de campagne II, si l'ion ammonium a disparu du milieu, il est évident que la nitrification est encore très incomplète. Ce phénomène a déjà été décrit par Ceçen, 1996 et

90

Bougard, 2004 qui ont observé une apparition significative de nitrite dès qu'une augmentation de charge est appliquée. Ainsi, malgré des conditions de travail favorable (concentration en oxygène dissous suffisante > 5mg/L, et un pH adapté, 7,5), le doublement brusque de la charge a provoqué une perturbation significative du milieu biologique. La durée de cette campagne n'a pas permis d'analyser l'adaptabilité potentielle des espèces à ces nouvelles conditions.

Il faut attendre le doublement de l'âge de boues réalisé lors de la campagne III pour voir apparaître une stabilisation assez rapide (10 j) du système biologique. La nitrification paraît alors quasi complète (plus de 96% de l'azote ammoniacal est nitrifié) et stable à partir du jour 75. La vitesse apparente de nitrification peut alors être assimilée à la charge volumique ou à la charge massique appliquée sur le système. Pour les campagnes I et III, ceci correspondrait à des vitesses proches en moyenne à 25 mgN.gMVS^{-1}.h^{-1}.

III.2.4 Taux de conversion apparent Y_{obs}

Le taux de conversion apparent représente le rapport entre la masse biologique produite journellement (masse de boues extraites, exprimée en poids sec) par rapport à la masse d'azote ammoniacal oxydé journellement ; ce taux est exprimé en gMVS produite/gNoxidé. La figure III.3 présente son évolution pendant les trois campagnes.

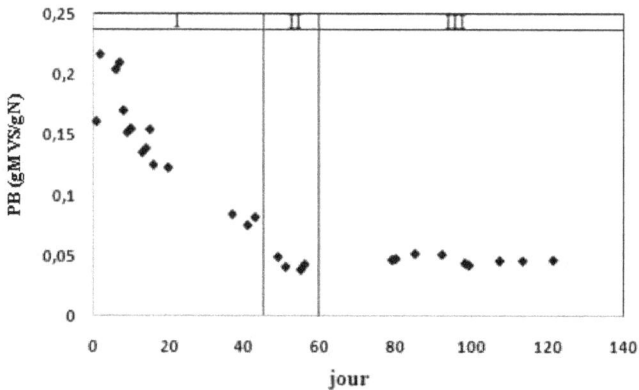

Figure III.3 Evolution du taux de conversion apparent.

Il apparaît ainsi que ce taux de conversion diminue constamment au cours de la campagne I pour atteindre, dès le début de la campagne II, une valeur palier proche de 0,041gMVSproduite/gNoxidé, soit 0,056g DCO/g Noxidé (en considérant la valeur 1,42 caractérisant le rapport DCO/MVS généralement donné dans la littérature).

La forte valeur de Yobs observé pendant la campagne I peut être due à la nature des boues initiales, dans lesquelles les espèces hétérotrophes étaient majoritaires. L'extraction progressive de ces boues et la nature de l'alimentation a permis de favoriser le développement d'une population autotrophe à croissance lente stabilisée en fin de campagne I. La valeur stable du taux de conversion observée traduit alors sans aucun doute la prédominance des cultures autotrophes en place.

La valeur trouvée est légèrement supérieure (14%) à la valeur théorique donnée dans la littérature, soit $0,048gDCO_{produit}/gN_{oxidé}$ Derlon , 2008. Elle est par contre inférieure à celles trouvée par Bougard, 2004 (0,067mgMVS/gN oxidé à 30°C) et Gorska et al., 1997 (0,06 gMVS/gN en travaillant avec un rapport de COD/N=1,5). Notons que Martin, 1979, rapportait des rendements cellulaires des bactéries nitrifiantes à 20°C variant de 0,02 à 0,29 g MVS /g $N_{oxidé}$ selon que les espèces étaient développées en culture pure ou dans un écosystème plus complexe tel que celui des boues activées.

III.2.5 Evolution de DCO, COTsoluble et EPS

La figure III.4, III.5, III.6 présentent les évolutions respectives de la $DCO_{soluble}$, du $COT_{soluble}$ et des EPS durant les trois campagnes. Ces grandeurs sont mesurées simultanément dans le perméat (indice p) et dans le surnageant de la liqueur mixte (indice s).

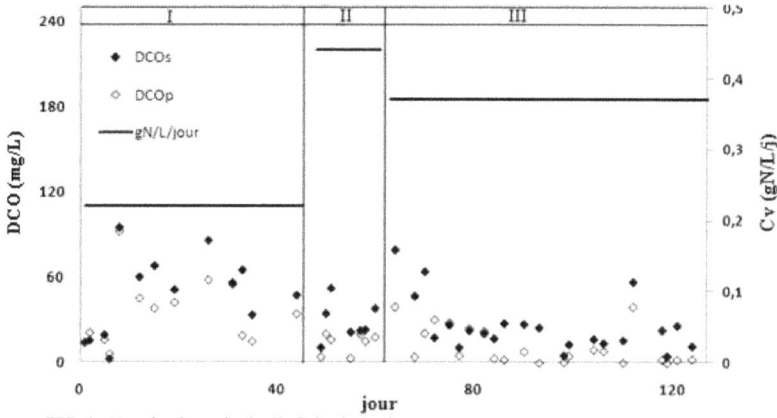

Figure III.4 Evolution de la DCO dans le surnageant et le perméat en fonction du temps.

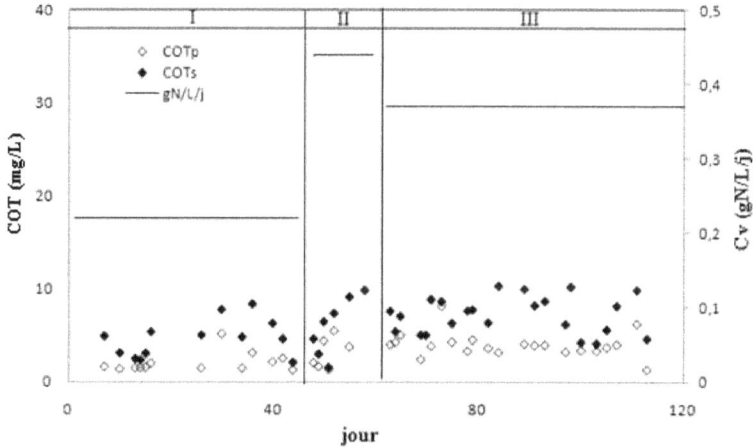

Figure III.5 Evolution du COT dans le surnageant et le perméat au cours du temps.

Malgré l'absence de DCO dans le flux d'entrée, les analyses mettent en évidence la présence de matière organique soluble dans la liqueur mixte et l'eau traitée. L'existence de cette fraction organique soluble (traduite au travers des mesures de DCO, COT et EPS) est donc directement liée à l'activité bactérienne, protéines extracellulaires et débris cellulaires liés à la lyse bactérienne notamment.

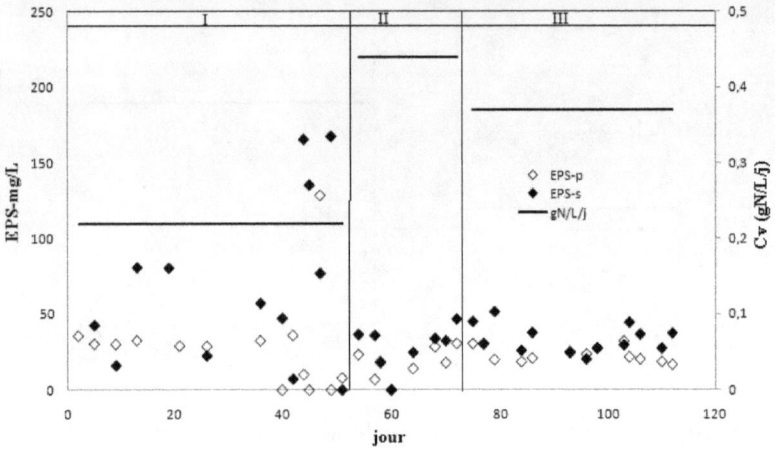

Figure III.6 Evolution des EPS dans le surnageant et le perméat au cours du temps.

Des observations particulières peuvent être faites au travers des courbes présentées :

- La fraction organique dans le perméat est toujours inférieure à celle présente dans le surnageant de la liqueur mixte, valeurs pourtant mesurées aussi après microfiltration. Cette différence est sans aucun doute liée à la présence d'un biofilm sur les membranes immergées dans le bioréacteur (ce point sera décrit dans le chapitre IV). Ce biofilm peut avoir un effet de filtration/sorption, voire assimilation, des fractions solubles (GASMI et al., 2012 ; Fechner et al., 2012).

- Les valeurs de DCO apparaissent d'autant plus importantes que le fonctionnement du réacteur est instable et la différence entre concentrations dans le surnageant et dans le perméat s'accroît lorsque le réacteur fonctionne en conditions instables (début de campagne I avec des boues non acclimatées, campagne II avec une variation brutale de charge). Le rôle de la barrière membranaire apparaît alors déterminant pour minimiser la présence de composés organiques dans le perméat.

Les valeurs de DCO et COT dans le perméat restent faibles. La nature des matières organiques présentes est liée à des EPS peu biodégradables dont la lyse cellulaire est probablement à l'origine. Mukai et al., 2000 ont en effet constaté que les EPS associés à une lyse cellulaire ou un décès ont généralement une masse moléculaire

94

élevée. Il est donc probable que ces polymères soient plus difficilement biodégradables que ceux générés durant la croissance et nécessitent un temps de dégradation plus long, une même constatation est relevée dans les travaux de Laspidou et Rittman, 2002.

Il faut noter aussi que le rôle des conditions biologiques sur la présence des EPS semble déterminant, Alhalbouni et al., 2008 ont observé une diminution de la concentration des EPS en passant d'un SRT de 23 à 40 jours, même constatation que Drews et al., 2008. Les concentrations en EPS sont généralement comprises entre 2 et 50 mgDCO/L (sauf exception quelques points où la concentration est élevée), ces valeurs sont situées dans le même ordre de grandeur que celle de la littérature (Lebègue, 2008), plus forte par rapport à d'autres travaux (Massé et al., 2006). Malgré la prédominance de la population autotrophe dans le milieu, vu les conditions opératoire imposées, les concentrations en EPS n'est pas négligeable ceci peut être expliqué par l'existence de la population hétérotrophe qui ont une activité considérable. Outre, la différence de concentration en EPS d'une étude à une autre peut être due aussi à la diversité des méthodes analytiques utilisées, aussi bien aux conditions opératoire, Wang et al., 2006 ont constaté une augmentation de la concentration en EPS avec la diminution de la température.

III.2.6 Evolution de l'activité respirométrique de la biomasse

Comme indiqué dans le chapitre II, matériels et méthodes, l'activité bactérienne est quantifiée au travers de mesures respirométriques. Ces mesures permettent d'évaluer la vitesse de consommation d'oxygène (Oxygen Uptake Rates OUR) par les bactéries dans les conditions choisies (endogène, exogène, en présence ou non d'inhibiteurs spécifiques). En conditions endogènes, il est supposé que la demande en oxygène est directement reliée à la masse de bactéries potentiellement actives dans le milieu. La figure III.7 illustre l'évolution de cette vitesse OUR mesurée en conditions endogènes, soit en présence de cultures mixtes et notée alors OUR_{endt}, soit en présence des seules espèces hétérotrophes (les cultures autotrophes ayant été inhibées) et notée OUR_{endhet}. La respiration endogène des espèces autotrophes est alors déduite de la différence des deux mesures précédentes, elle est notée OUR_{endaut} (Tous les détails sur les outils analytiques sont donnés à la §II.5 du chapitre II).

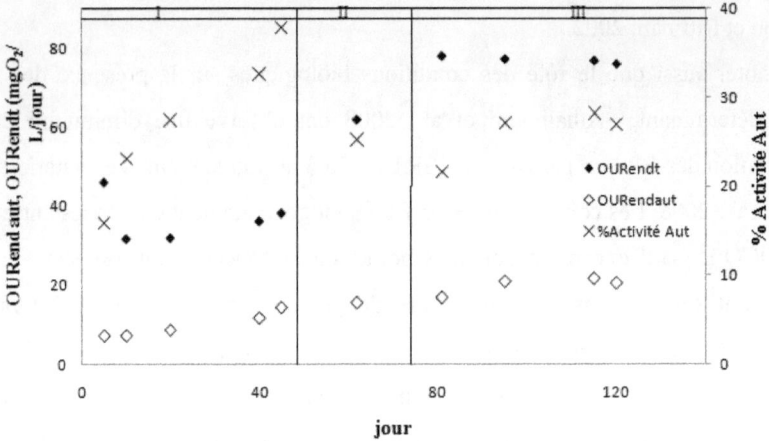

Figure III.7 Evolution d'OUR_{endt}, $OURend_{aut}$ et le pourcentage d'activité Aut durant le suivi dans le bioréacteur.

Au début de la première campagne, la demande totale en oxygène OUR_{endt} diminue rapidement (46 $mgO_2/L/jour$ au jour 5) pour atteindre une valeur minimale de 30 $mgO_2/L/jour$ au jour 12 suivie d'une légère augmentation, voire une stabilisation en fin de campagne I à une valeur proche de 37 $mgO_2/L/jour$.

La diminution initiale est sans aucun doute liée au décès progressif des cultures hétérotrophes faute de substrat organique dans le flux d'entrée. La reprise d'activité après le jour 12 doit correspondre à l'augmentation de la part d'activité des espèces autotrophes du fait de leur croissance relative dans le milieu. Cette croissance est traduite par l'augmentation progressive des besoins en oxygène OUR_{endaut} liés spécifiquement aux cultures autotrophes.

La campagne II n'a pas fait l'objet de suffisamment de mesures pour être interprétées correctement.

Les valeurs obtenues en conditions endogènes pendant la campagne III (où l'âge des boues et la charge volumique ont été pratiquement doublés par rapport aux valeurs imposées dans la campagne I), ont sensiblement doublées par rapport aux valeurs observées dans la campagne I. Si les besoins endogènes sont supposés directement proportionnels à la concentration en bactéries actives, cela signifie que la concentration en cultures autotrophes actives a pratiquement doublé entre les campagnes I et II, suivant en cela la charge volumique en azote appliquée sur le réacteur.

Notons qu'au cours des trois campagnes, l'activité endogène des cultures hétérotrophes a été réellement significative. Elle traduit sans aucun doute une activité liée à la transformation des composés organiques de lyse cellulaire.

III.2.7 Conclusion partielle

Cette première section avait pour objet de mesurer in situ l'activité de populations épuratives dans un réacteur biologique alimenté uniquement par un substrat minéral azoté. Les performances ont été discutées au travers des évolutions des matières en suspension, des fractions azotées et organiques, du comportement bactérien (respirométrie, production de boues et de polymères solubles). Les résultats obtenus ont montré:

- Des capacités d'oxydation de l'azote ammoniacal pratiquement complètes par rapport au flux injecté dans des conditions stabilisées de travail. A l'inverse, lors de dysfonctionnement, arrêt de la régulation de pH ou brutale et importante modification de la charge d'entrée, le rendement de nitrification baissait rapidement en laissant aussi apparaître des composés d'oxydation partielle comme les nitrites.

- Une faible production des boues en excès, 0,056gDCO/gNoxidé, conforme développement d'une culture autotrophe dans un réacteur seulement alimenté par une pollution minérale.

- A l'inverse, il a été surprenant de retrouver une présence significative de composés organiques solubles (5-30 mg_{DCO}/L, 2-5 mg_{COT}/L) dont la présence ne peut être liée qu'à des rejets bactériens, EPS. Le rôle de la barrière membranaire d'ultrafiltration apparaît alors importante non seulement pour séparer les particules de l'eau traitée mais aussi pour retenir une fraction importante de ces EPS solubles lorsque leur teneur dans le milieu biologique est élevée.

- Le suivi de l'activité respirométrique a montré l'évolution des populations dans le réacteur au cours des campagnes, il a aussi mis en évidence une activité des populations hétérotrophes se développant parallèlement aux bactéries autotrophes.

III.3 Détermination de coefficients cinétiques et stœchiométriques (Y_A, b_A, μ_{Am}, K_{NH})

Cette section est consacrée au travail lié à la détermination de paramètres cinétiques traduisant l'activité d'une population bactérienne autotrophe, ce sont le taux de croissance maximal μ_{Am}, la constante de demi-saturation K_{NH}, le taux de décès b_A et le rendement de conversion Y_A.

Une estimation de ces paramètres a été réalisée à partir d'essais de respirométrie conduits sur des cultures bactériennes prélevées d'un bioréacteur à membranes au cours de trois campagnes pour lesquelles les conditions opératoires étaient différentes (tableau III.2), les performances du BAM, pendant ces trois campagnes, ayant été discutées dans la section précédente.

Au cours de ces campagnes, la température de l'eau dans le bioréacteur à membranes a varié autour d'une valeur moyenne de 19±1°C. Toutefois, l'aération « process »au niveau du réacteur et de la membrane se faisant par aspiration d'air atmosphérique, des écarts ont pu être observés pendant de courtes périodes, un à quelques jours, notamment en février 2011 où la température dans le bioréacteur a chuté jusqu'à 14±1°C pendant 4 jours. La détermination des coefficients cinétiques a été réalisée après avoir atteint le régime permanent au cours des campagnes, Y_A, K_{NH} ont été calculés pour deux périodes stationnaires, μ_{Am} et b_A ont été calculés seulement durant la première campagne, suite à un problème technique accidentel, toutes les boues de réacteur ont été perdues à la fin de l'expérience.

La quantification expérimentale des paramètres repose sur des tests respirométriques réalisés soit in situ dans le bioréacteur, soit en réacteur batch spécifique dans lequel des échantillons de boues extraites du bioréacteur ont été introduits. En batch, ces mesures ont été faites sous une agitation constante de 450 tr/min, avec un contrôle de la température $19 \pm 1°C$ et une régulation de pH à $7,5 \pm 0.5$.

III.3.1 Equations de base pour le calcul des paramètres cinétiques

Le calcul des coefficients cinétiques sont issues d'un modèle standard dont les équations utilisées sont rappelées dans le tableau III.3.

Tableau III.3 Equations de base pour le calcul des paramètres.

L'oxygène consommé en phase exogène	$OUR_{ex} = -\dfrac{dS_O}{dt} = \dfrac{(4.57-Y_A)}{Y_A} \mu_{Am} \dfrac{S_{NH}}{K_{NH}+S_{NH}} \dfrac{S_O}{S_O+K_{OA}} X_{BA}$
L'ammonium « uptake rate »	$AUR = \dfrac{dS_{NH}}{dt} = (\dfrac{1}{Y_A} + i_{XB}) \mu_{Am} (\dfrac{S_{NH}}{K_{NH}+S_{NH}})(\dfrac{S_O}{K_{OA}+S_O}) X_{BA}$
L'évolution de biomasse au cours du temps	$\dfrac{dX_{BA}}{dt} = (\mu_{Am} \dfrac{S_{NH}}{K_{NH}+S_{NH}} \dfrac{S_O}{S_O+K_{OA}} - b_A) X_{BA}$

Le réacteur étant alimenté seulement par un substrat ammoniacal équilibré en sels nutritifs (avec l'apport de carbone minéral intégré), en principe l'activité biologique ne devrait concerner que les populations autotrophes. Les équations choisies reposent donc sur une activité liée uniquement à la nitrification, même s'il sera constaté une activité hétérotrophe liée à la lyse cellulaire.

La première équation du tableau traduit les besoins instantanés d'oxygène (Oxygen uptake rate OUR_{ex}) liés seulement à la nitrification des composés ammoniacaux exogènes apportés dans l'eau à traiter. Cette demande en oxygène s'exprime comme un produit de deux relations homographiques montrant le lien entre OUR_{ex} et les concentrations respectives en azote ammoniacal S_{NH} et oxygène S_O dans l'eau. Cette demande en oxygène est aussi supposée directement proportionnelle à la concentration en biomasse autotrophe active X_{BA} dans le milieu.

La seconde équation traduit la vitesse d'élimination d'azote ammoniacal de l'eau par nitrification (Ammonium Uptake Rate AUR). Son expression est très proche de celle de la demande en oxygène au regard des concentrations S_{NH}, S_O et X_{BA}.

La troisième équation traduit la vitesse apparente de croissance de biomasse, liée à la vitesse intrinsèque de croissance, dépendante de S_{NH}, S_O et X_{BA}, diminuée de la vitesse de décès des cultures supposée proportionnelle à la concentration en biomasse autotrophe dans le milieu, b_A étant la constante de proportionnalité appelée aussi constante de décès propre à la population concernée. Dans ces équations :

- Y_A est défini comme la quantité de biomasse réellement produite rapportée à la quantité d'ammonium oxydé. Y_A est appelé taux de conversion, il est exprimé dans le modèle ASM en gDCO/gN-NH$_4$ éliminé.

- i_{XB} prend en compte les besoins en azote spécifiques à la croissance cellulaire $(gN(gCOD)^{-1}$ dans la biomasse), μ_{Am} est le taux de croissance maximal des cultures autotrophes (j^{-1})

- K_{NH} et K_{OA} sont des constantes de demi-saturation rapportées respectivement à l'azote ammoniacal et à l'oxygène exprimées respectivement en mg N/L et mgO_2/L.

III.3.2 Détermination des coefficients cinétiques et stœchiométriques par respirométrie

L'idée de quantifier par respirométrie des coefficients cinétiques, notamment le taux de conversion de cultures hétérotrophes, a d'abord été proposée par Vanrolleghem, (1999). La démarche est reprise dans notre étude pour déterminer les coefficients cinétiques se rapportant aux communautés autotrophes.

III.3.2.1. Détermination du paramètre stœchiométrique : Y_A

En conditions stabilisées, le bioréacteur à membranes permet l'élimination pratiquement complète d'azote ammoniacal pour les charges imposées.

Dans ces conditions, des essais de demande en oxygène OUR$_{ex}$ ont été réalisés directement dans le bioréacteur à membrane placé momentanément en système fermé continûment aéré. Pour ce faire, des injections impulsions d'une masse connue de chlorure d'ammonium ont été effectuées à l'entrée du réacteur. Il est alors constaté une décroissance continue de la concentration en ammonium dans le réacteur (laissant supposer une cinétique d'ordre nul pour les conditions imposées) et, après un temps donné, la concentration en ammonium atteint une valeur nulle dans le système (figure III.8).

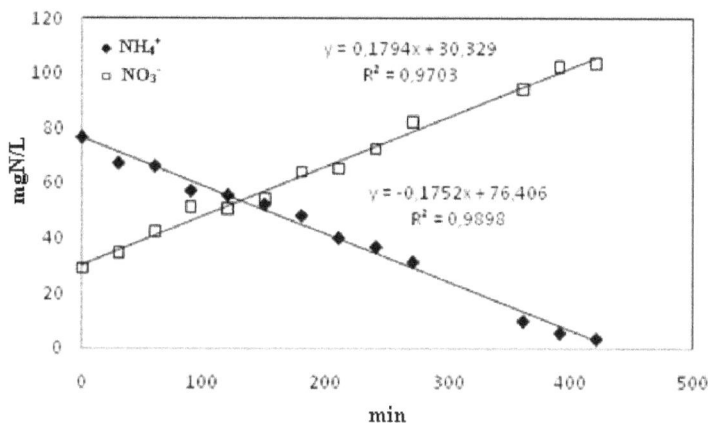

Figure III.8 Evolution des formes azotées.

Pendant le temps de l'essai, des prélèvements de boues sont également opérés à divers instants dans le réacteur. Ces boues sont placées instantanément dans un réacteur batch non aéré, la mesure de l'oxygène dissous se traduit alors par une décroissance linéaire au cours du temps comme le montre la figure III.9. La pente de cette droite nous donne la valeur instantanée de la demande en oxygène de la boue prélevée à un instant t donné.

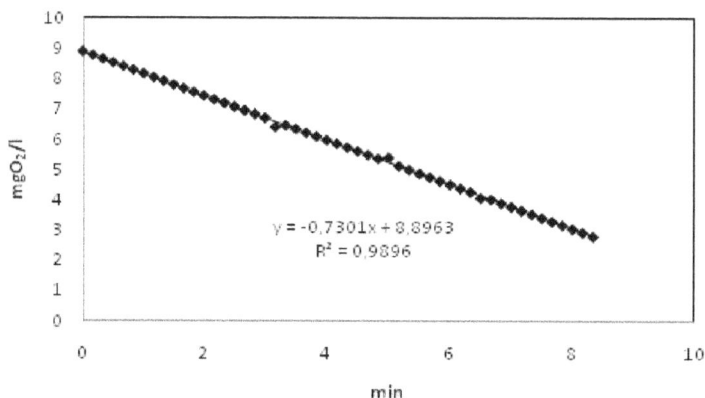

Figure III.9 évolution de la concentration d'O_2 = f(t).

Cette demande d'oxygène intègre la demande en oxygène des boues avant l'injection d'azote augmentée de la demande pour répondre à l'oxydation de l'azote injecté au travers de l'impulsion. Si la demande en oxygène des boues dans le BAM fonctionnant en régime stationnaire a été faite in situ juste avant l'injection, par différence, il est facile de déduire, pour chaque échantillon de boues prélevé pendant l'essai, la demande en oxygène à l'instant t propre à l'oxydation de l'azote apporté par l'injection. La figure III.10 traduit l'évolution de cette demande OUR_{ex} en fonction du temps pour une injection donnée. Cette figure montre que, dès l'injection, la demande en oxygène augmente très rapidement pour atteindre un palier (qui traduit une capacité maximale d'oxydation pour la population en place) plus ou moins important en durée selon la masse d'azote injectée, puis une décroissance est observée jusqu'à atteindre à nouveau une demande en oxygène égale à celle mesurée dans le réacteur en régime permanent. Cette observation avait aussi été signalée par Pellegrin et al., (2002).

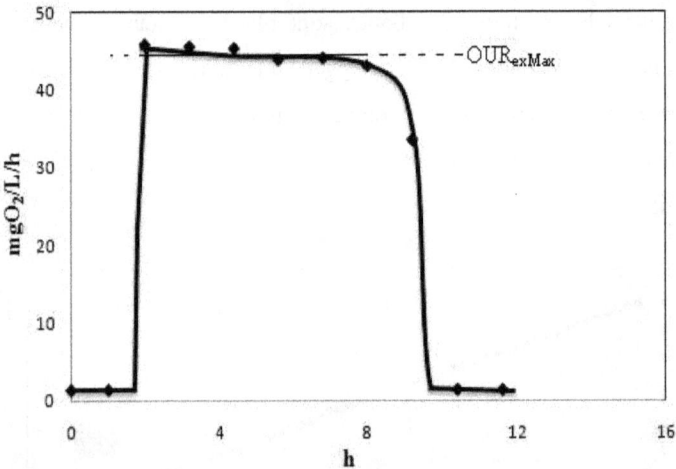

Figure III.10 OUR(t) après injection de 75 mg N/L.

Le calcul de Y_A repose alors sur une relation de proportionnalité entre quantité d'oxygène consommée pour les besoins d'oxydation de l'azote ammoniacal exogène et quantité d'ammonium éliminée pendant une durée expérimentale t donnée. Cette comparaison se traduit par la relation suivante:

$$\int OUR_{ex}dt = \frac{4.57 - Y_A}{(1 + Y_A i_{XB})} \int \frac{dS_{NH}}{dt}dt \tag{III.1}$$

Ayant mesuré OURex à différents instants pendant un essai, le calcul de l'intégrale du membre de gauche à partir des données expérimentales est aisé pour chaque injection réalisée, elle nous donne la masse d'oxygène consommée. De même, il est facile de connaître la masse d'azote exogène oxydée pour chaque essai (qui est en fait pratiquement la masse injectée au moment de l'impulsion). Prenant en compte les différents essais réalisés pour des injections d'amplitude différente, il est possible de tracer l'évolution de la masse d'oxygène utilisée en fonction de la masse d'azote exogène éliminée (figure III.11). Le calcul de la pente de cette droite permet de remonter à Y_A, connaissant i_{XB} (en prenant la valeur par défaut donnée dans ASM, soit 0,086 gN/gbiomasse).

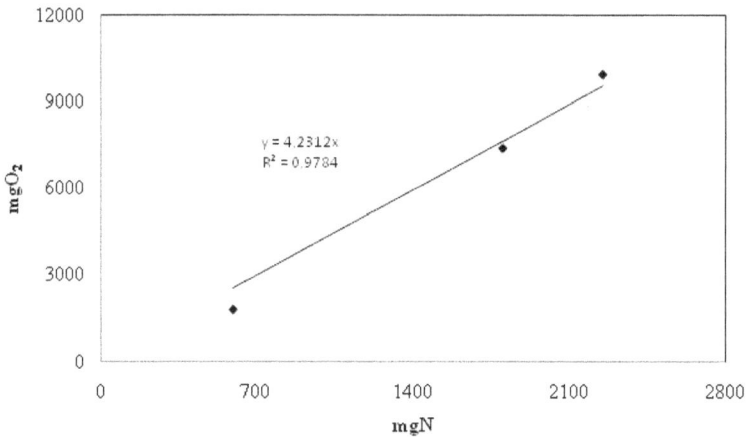

Figure III.11 Quantité d'oxygène consommé en fonction de la quantité d'ammonium injecté.

Tableau III.4 Récapitulatif des résultats obtenus suite à une macro injection pendant les deux périodes.

Période	I			III		
S_{NH} (mgN/L)	20	60	75	25	60	100
OUR_{exMax} (mgO$_2$/L/h)	40,01	44,05	45,5	83,5	86,08	86,6
Y_A (mgDCO/mgN)	0,248			0,256		

D'après le tableau III.4 une valeur moyenne de 0,25 (mgDCO/mgN) est obtenue pour Y_A. Notons que cette valeur est pratiquement 5 fois plus grande que la valeur mesurée expérimentalement au cours des campagnes décrites dans la première section de ce chapitre (§ III.1.4, soit Yobs = 0,058 mgDCO/mgN). Cette différence entre taux de croissance réel et taux de croissance observé traduirait l'importance de l'attrition endogène.

III.3.2.2 Détermination de (K_{NH})

Pour déterminer K_{NH}, la méthodologie appliquée est inspirée de celle Cech et al., (1984). Elle repose sur la même méthodologie que celle décrite pour le calcul de Y_A. A partir de l'expression de OUR_{ex} donnée dans le tableau III.3, il est possible de calculer K_{NH}. Sachant que tous les essais ont été conduits sans oxygène limitant, l'expression d'OURex peut se simplifier en :

$$OUR_{ex} = \frac{(4.57-Y_A)}{Y_A} \mu_{Am} \frac{S_{NH}}{K_{NH}+S_{NH}} X_{BA} \qquad (III.2)$$

Cette relation montre qu'OURex est dépendant de la concentration en azote ammoniacal relative à l'impulsion.

Dans le cas où la concentration S_{NH} est très grande devant K_{NH}, les conditions de croissance exponentielle sont atteintes et la demande en oxygène atteint aussi sa valeur maximale (palier observé à la figure III.11). L'expression d'OUR_{exMAX} peut alors simplement s'écrire sous la forme:

$$OUR_{exMAX} = \frac{(4.57\text{-}Y_A)}{Y_A} \mu_{Am} X_{BA} \qquad (III.3)$$

Comparant les équations III.2 et III.3, il est alors aisé de déduire le rapport suivant :

$$\frac{OUR_{ex}}{OUR_{exMAX}} = \frac{S_{NH}}{K_{NH} + S_{NH}} \qquad (III.4)$$

D'après le tableau III.4, une valeur moyenne d'OUR_{exMax} de 44,77 mgO$_2$/L/h est obtenue pour la première période.

La figure III.12 représente un exemple des réponses obtenues suite à des injections de différentes impulsions d'ammonium durant la première période. Les courbes obtenues suite aux macro-injections durant la campagne III sont regroupées dans l'annexe B. Le tableau III.5 regroupe les valeurs d'OUR_{ex} obtenues juste au moment des injections déterminées d'azote ammoniacal.

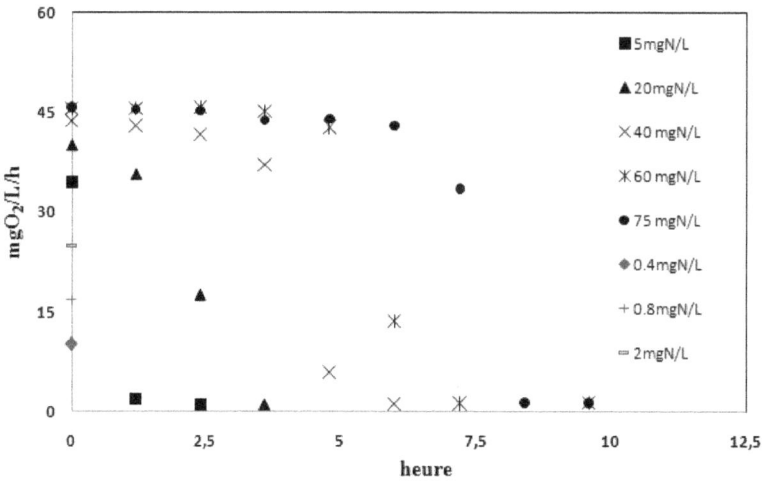

Figure III.12 Réponses obtenues suite aux injections des différentes concentrations en Ammonium.

Tableau III.5 Valeurs d'OUR_{ex} obtenues relatives aux différents injections.

Concentrations injectées (mgN/L)	0,4	0,8	2	5	20	40
OURex (mgO$_2$/L/h)	10,266	16,876	24,970	34,442	40,01	43,741

Ayant mesuré expérimentalement les valeurs de S_{NH}, OUR_{ex} pour différentes impulsions dans le bioréacteur, il est facile d'exploiter l'équation III.4 pour en déduire la valeur de K_{NH} la plus adaptée aux résultats obtenues.

La figure III.13 représente l'évolution du rapport OUR_{ex}/OUR_{exMAX} en fonction de S_{NH}, l'utilisation de l'équation permet de trouver la valeur de K_{NH} qui permet de représenter au mieux cette évolution.

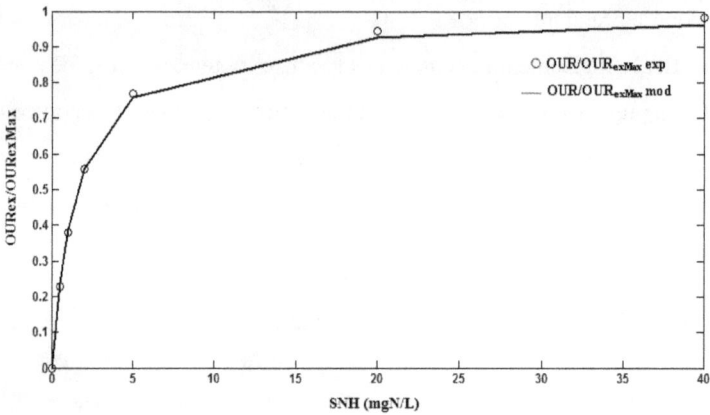

Figure III.13 Détermination de K_{NH} (première période), jour 45, après différentes concentration en ammonium.

La résolution de l'équation III.4. Une valeur de K_{NH} égale à 1,58 mgN/L est obtenue pour la première campagne, une valeur de 1,63mgN/L pour la troisième campagne, une valeur moyenne de K_{NH}, prise égale à 1,6mgN/L, sera considérée pour la suite de ce travail.

Lors de la détermination de K_{NH}, une mesure de la vitesse maximale de nitrification était possible à travers le suivi des formes azotées durant les manipulations. La figure III.8 et III.14 représentent la vitesse maximale enregistrée par suivis des formes azotées lors des première et deuxième campagnes. Par régression linéaire, la vitesse de disparition maximale de l'azote ammoniacal, notée r_{NHmax} correspond à la pente de la droite obtenue. Cette pente est peu différente, en valeur absolue, de la pente traduisant la production de nitrates, soit 0,345 mgN/L/min.

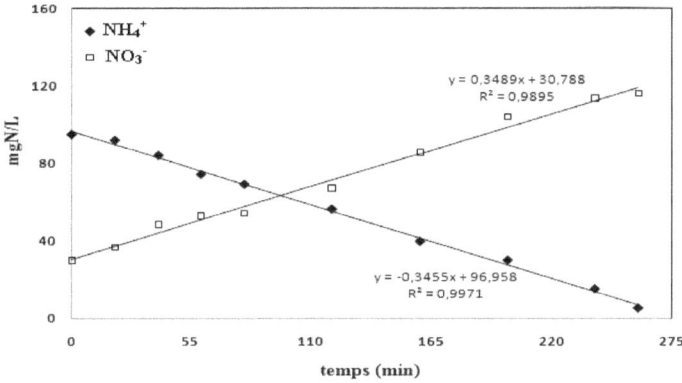

Figure III.14 Vitesse de nitrification enregistrée pour le jour 115 de la période III.

III.3.2.3 Détermination de b_A

Pour simplifier la détermination de b_A, en premier lieu le modèle endogène a été choisi. Dans ce cas, la vitesse de consommation d'oxygène, (OUR_{endt}), est la somme de la demande en oxygène liée à la respiration des espèces autotrophes (OUR_{endaut}) et des espèces hétérotrophes (OUR_{endhet}), son expression analytique est:

$$OUR_{endt} = OUR_{endaut} + OUR_{endhet} = b_A X_{BA} + b_h X_{BH}$$ (III.5)

Dans le cas de respiration en présence d'inhibiteur autotrophe l'expression III.5 se réduit tout simplement à :

$$OUR_{endt} = OUR_{endhet}$$ (III.6)

Par différence, après inhibition, on peut accéder à la demande en oxygène liée à la respirométrie des espèces autotrophes. Le processus de décès des autotrophes s'écrit :

$$\frac{dX_{BA}}{dt} = -b_A.X_{BA}$$ (III.7)

La substitution de X_{BA} après intégration de l'expression III.7 conduit à l'expression III.8

$$Ln(OUR_{endt}) = Ln(b_A X_{AB}{}^0) - b_A t$$ (III.8)

107

La détermination expérimentale d'OUR$_{endaut}$ permet ainsi de déterminer b_A, pente de la droite Ln(OUR$_{endaut}$) en fonction de temps représentée à la figure III.14. La pente obtenue est de 0,14 j^{-1}, cette valeur a été prise pour b_A.

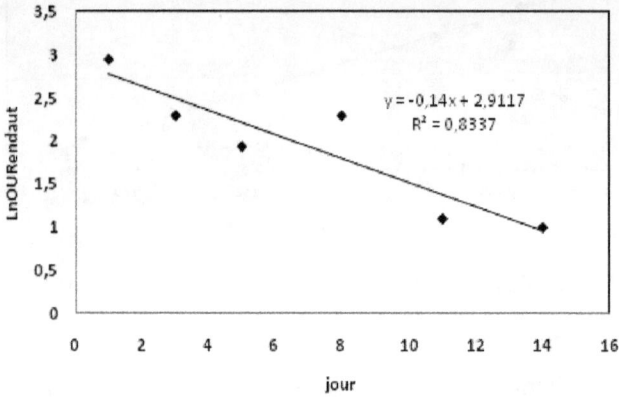

Figure III.15 LnOUR$_{endaut}$ en fonction du temps.

III.3.2.4 Détermination de (μ_{Am})

Expérimentalement, il n'existe pas de méthode expérimentale simple pour la mesure de μ_{Am}. La plupart de recherches ont recours à l'utilisation de l'expression de la vitesse maximale de nitrification pour déterminer ce paramètre (en fixant Y_A et b_A, (Choubert et al., 2005). La procédure qui a été utilisée dans ce travail est celle proposée par Spanjers and Vanrolleghem (1995).

Selon le modèle ASM1, OUR$_{ex}$ autotrophe s'écrit :

$$OUR_{ex} = -\frac{dS_O}{dt} = \frac{(4.57-Y_A)}{Y_A}\mu_{Am}\frac{S_{NH}}{S_{NH}+K_{NH}}\frac{S_O}{S_O+K_{OA}}X_{AB} \tag{III.9}$$

Dans les conditions non limitantes en substrat et en oxygène, les fonctions interrupteurs ON/OFF de Monod sont très proches de I.

L'équation qui traduit l'évolution de biomasse dans ASM1 (tableau III.3) se traduit alors par:

$$OUR_{ex} = -\frac{dS_O}{dt} = \frac{(4.57-Y_A)}{Y_A}\mu_{Am}X_{BA} \tag{III.10}$$

$$\frac{dX_{BA}}{dt} = (\mu_{Am} - b_A)X_{BA} \tag{III.11}$$

La seconde équation peut être intégrée pour connaître la relation liant X_{BA} et la durée de l'expérience en régime transitoire. Cette expression peut alors être reportée dans l'équation III.7 pour connaître l'expression d'OURex en fonction du temps :

$$LnOUR_{ex} = Ln\left[\frac{(4.57-Y_A)}{Y_A}.(\mu_{Am} X_{BA}{}^0)\right] + (\mu_{Am}.b_A)t \tag{III.12}$$

Pour vérifier des conditions non limitantes en substrat, le test respirométrique, recommandé, consiste alors en une addition d'une relative forte concentration en ammonium (approximativement 75 mgN/L) dans un réacteur batch contenant une faible concentration de boues (80 mgMVS/L) (Spanjers et Vanrolleghem, 1995).

Dans notre travail, un échantillon de boues a été prélevé du bioréacteur puis dilué (avec de l'eau de perméat) pour obtenir une concentration en MVS de 80,1 mg/L. Cette boue est alors mise en respiration endogène. Après 24h, la demande en oxygène des boues en condition endogène OUR$_{endt}$ est mesurée. Une impulsion d'ammonium est alors réalisée (elle correspond à une concentration initiale de 35 mgN/L). Le pH et la température sont contrôlés durant l'expérience (pH= 7,0±0,5) (T=18±1°C). La demande en oxygène OURt est mesurée dès l'injection de substrat (figure III.16). Elle correspond aux besoins OURex et OUR$_{endt}$.

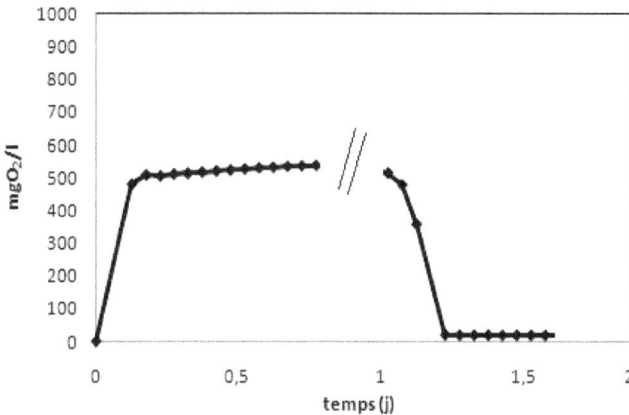

Figure III.16 LnOURex an fonction de temps.

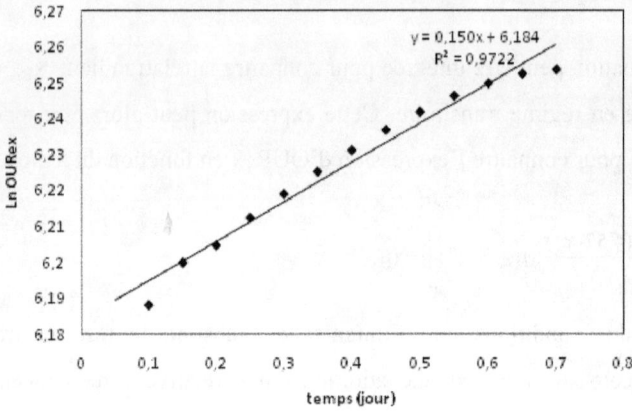

Figure III.17 Détermination expérimentale de μ_{Am}

La demande en oxygène liée au seul apport de substrat OURex est obtenue après soustraction de l'OURend de la valeur totale mesurée OURt. Le traçage de (LnOURex) en fonction de temps permet d'obtenir une droite de pente ($\mu_{Am} - b_A$), la figure III.17 représente la courbe obtenue. La connaissance de b_A permet d'obtenir μ_{Am}. Une valeur de 0,29 j^{-1} est prise pour μ_{Am}.

III.3.3 Validation du modèle

Dans le tableau III.6, sont donnés les paramètres cinétiques et stœchiométriques utilisés lors de la simulation.

Tableau III.6 Paramètres stœchiométriques et cinétiques

Paramètres stœchiométriques	Symbole	Unité	Valeur
Coefficient de conversion hétérotrophe	Y_H	gcellule(DCO) (gCOD oxidé)$^{-1}$	0,67
Coefficient de conversion autotrophe	Y_A	gcellCOD formed (gN oxidized)$^{-1}$	0,25*
fraction de biomasses qui aboutit aux produits particulaires	f_p	Adimentionnelle	0,08
MasseN/masseDCO dans la biomasse	i_{XB}	gN(gCOD)$^{-1}$ dans la biomasse	0,086
MassN/massDCO dans le produit de biomasse	i_{XP}	gN(gCOD)$^{-1}$ biomasse	0,06
taux de croissance maximal hétérotrophe	μ_H	j^{-1}	6
taux des décès des hétérotrophes	b_H	j^{-1}	0,62
coefficient de demi saturation des hétérotrophes	K_s	gDCO.m^{-3}	20
taux de croissance maximale des autotrophes	μ_A	j^{-1}	0,29*
coefficient de décès des autotrophes	b_A	j^{1}	0,14*
Coefficient de demi saturation de l'oxygène pour les autotrophes	K_{OA}	gO$_2$.m^{-3}	0,40
Coefficient de demi saturation de l'ammonium pour les autotrophes	K_{NH}	gNH$_3$-N m^{-3}	1,6*
Taux d'ammonification	k_a	m^3 (g$_{COD}$ j)$^{-1}$	0,08
Taux spécifique maximum d'hydrolyse	k_h	COD (gl COD j)$^{-1}$	3,0
Coefficient de demi saturation d'hydrolyse de substrat lentement biodégradable	K_x	gCOD (gCOD))$^{-1}$	0,03

*Paramètres déterminés par respirométrie dans cette étude permettant une correction des paramètres par défaut du modèle ASM1. Pour démarrer la simulation, la concentration en biomasse à l'initialisation est celle mesurée par respiration endogène au temps t=0 (début de la manipulation).

La figure III.18 et III.19 représente respectivement la variation des matières en suspension, des matières volatiles ainsi que la forme azotée dans le milieu biologique.

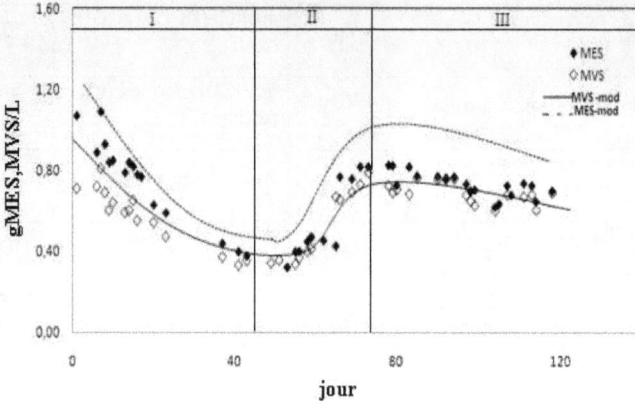

Figure III.18 Evolution des MES et MVS en fonction de temps.

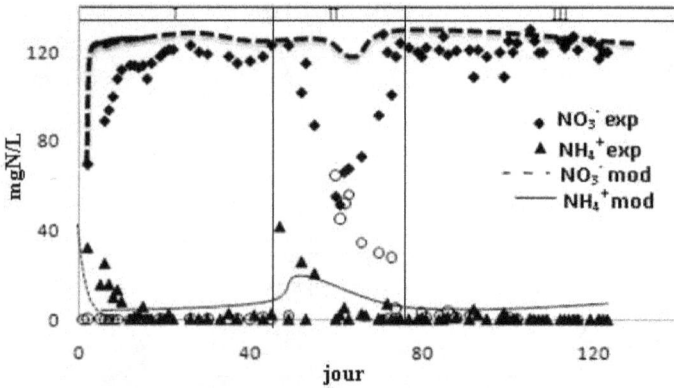

Figure III.19 Évolutions des formes azotées.

D'après les figures III.18 et III.19 le paramétrage choisi pour le modèle prédit bien les concentrations de MVS au cours du temps. Une surestimation des MES, comme des formes azotées e

st cependant observée. De plus, le modèle montre une réponse temporelle très rapide du système au changement de charge. Pour mieux prédire le comportement de système, l'étape qui suit consiste donc au réajustement d'un des paramètres trouvés

112

par analyse respirométrique à savoir, Y_A, μ_{Am}, b_A, K_{NH}. Vu que dans la littérature Y_A ne varie pas trop d'une étude à l'autre (§I.2.4 de l'analyse bibliographique), la recherche de paramètre à réajuster se réduit à trois variables. Elle est conduite à travers l'analyse de la sensibilité des réponses aux variations des paramètres étudiés.

Le tableau III.7, présente les pourcentages moyens de variation des variables choisies en sortie du réacteur pour une variation de ±10% des valeurs des trois paramètres μ_{Am}, b_A, K_{NH}. Le pourcentage moyen de variation est défini comme suit :

$$\%\text{variation} = \frac{S_2 - S_1}{S_2} . 100$$

(III.13)

Où S1 et S2 sont les sorties correspondant respectivement à l'entrée (+10%) et l'entrée (-10%).

Tableau III.7 Pourcentage moyen de variation des variables en sortie

Variable de sortie \\ Paramètres	X_{BA} %	S_{NO} %	S_{NH} %	MES %	MVS %	OUR_{endt} %
K_{NH}	0,34	0,94	1,6	0,64	0,58	0,18
b_A	18,78	2,93	41	7,039	7,46	0,67
μ_{Am}	2,1	4,07	15	4,2	3,5	2,5

Il ressort de l'examen de ce tableau :

- La variation de b_A influence plus les variables de sortie;
- dans les conditions de travail choisies, le taux de croissance μ_{Am} a nettement moins d'influence sur la variation des variables en sortie du système.

III.3.4 Simulation et validation du modèle

III.3.4.1 Paramètres de simulation

Il a donc été choisi de cibler l'ajustement du modèle aux résultats en jouant sur la valeur de b_A. La valeur de b_A qui permet d'ajuster au mieux les prédictions du modèle est 0,18 j^{-1}, avec en conséquence une valeur de 0,33 j^{-1} attribuée à μ_{Am}.

Par comparaison, le tableau III.8 donne quelques autres valeurs b_A et μ_{Am} rapportées dans la littérature.

Tableau III.8 Valeurs de b_A et μ_{Am} rapportées de la littérature.

b_A (j^{-1})	μ_{Am} (j^{-1})	Référence
0,13	0,45	Marquot, 2006
0,2	0,45	Espinase, 2005
pas mentionné	0,38	Stricker, 2000
0,18	0,33	Notre étude

III.3.4.2 Evolution de MES et MVS

La Figure III.20 présente l'évolution des concentrations en MES et MVS mesurées et simulées.

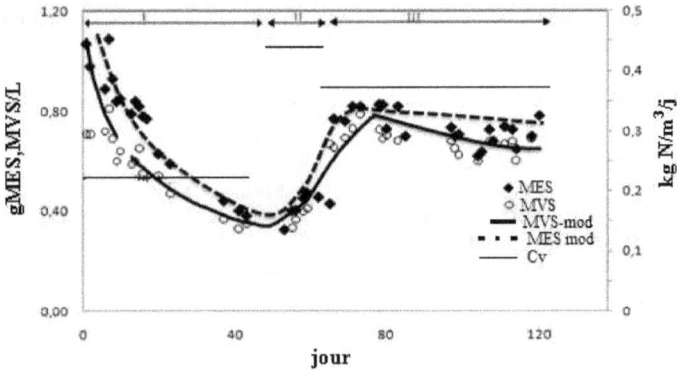

Figure III.20 Evolution des MES et MVS expérimentales et modélisées.

III.3.4.3 Validation sur la concentration en ammonium et en nitrate à la sortie

La Figure III.21 présente l'évolution des concentrations en formes azotées, mesurées et simulées.

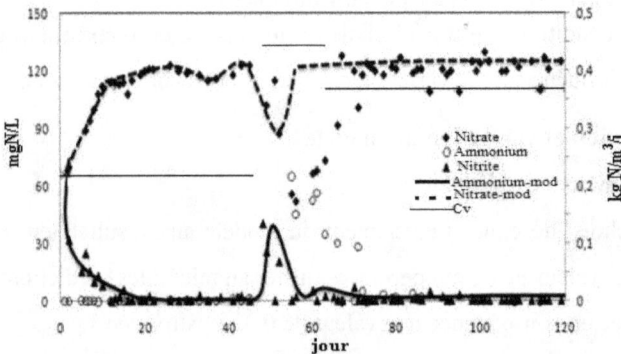

Figure III.21 Évolutions des formes azotées dans le réacteur simulées et expérimentales.

114

Ces deux figures montrent la bonne adéquation du modèle avec les résultats expérimentaux pour les trois campagnes de travail. Un décalage est néanmoins observable pour les formes nitrates entre les jours 50 et 60, période où il y a eu l'apparition de nitrites, phénomène non modélisé dans cette étude où le choix d'un modèle en une seule étape a été fait.

III.3.5 Conclusion partielle

Dans ce paragraphe, une méthodologie spécifique inspirée de la littérature a été mise en place pour déterminer les coefficients cinétiques jugés déterminants pour simuler le comportement d'une culture autotrophe. Cette méthodologie repose sur (i) des mesures respirométriques et (ii) les équations définies dans le modèle ASM1.

Cette démarche nous a conduits à la détermination des coefficients suivants Y_A, K_{NH}, b_A et μ_{Am}. Les valeurs de paramètres déterminées sont respectivement 0,25, 1,6 mgN/L, 0,18 j^{-1} et 0,33 j^{-1}. L'analyse de sensibilité associée montre que b_A est le paramètre dont la valeur influence le plus le comportement global du système. Les valeurs déterminées des paramètres permettent une bonne simulation dynamique des évolutions de matière en suspension et les formes azotées. Ces résultats serviront de base pour estimer le comportement du bioréacteur à membranes en régime permanent et calculer les concentrations respectives en populations autotrophes et hétérotrophes (§III.4).

III.4 Développement des équations de fonctionnement en régime permanent et validation du modèle propos

Dans cette section, nous allons développer les équations de fonctionnement en régime permanent du bioréacteur à membranes "autotrophes", aérobie, alimenté par une eau ne contenant que des matières minérales (azote ammoniacal et carbonates). Le modèle de base est ASM1 les valeurs expérimentales de YA, µAm, bA, KNH. La figure III.22 reprend de manière graphique les différentes interactions entre variables et processus.

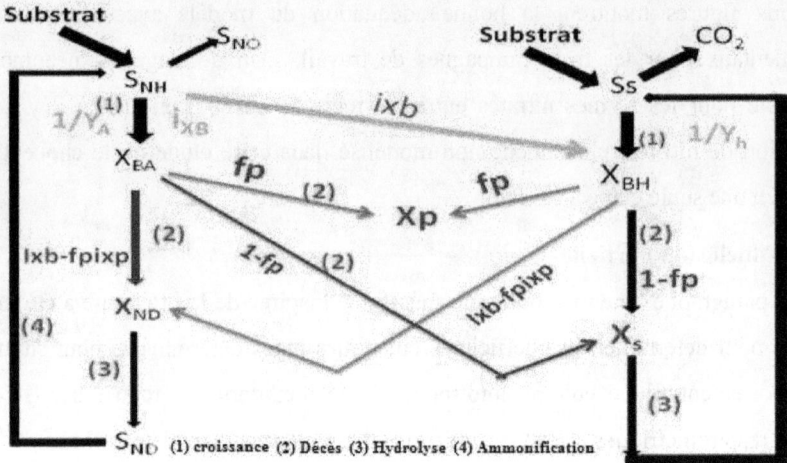

Figure III.22 Concept de mort régénération selon le modèle ASM1.

III.4.1 Mécanismes réactionnels

Deux populations bactériennes principales seront ainsi prises en compte, les populations autotrophes (X_{BA}) qui permettent l'oxydation de l'azote Kjeldahl (S_{NH}) en nitrates (S_{NO}), ainsi que les populations hétérotrophes (X_{BH}) qui permettent l'oxydation du substrat organique soluble (S_s) issu de la lyse cellulaire en dioxyde de carbone.

La figure III.23 illustre la transformation de ces composés initialement présents dans le substrat. Sur cette figure, les voies principales de transformation de ces composés sont juste signalées (la description en a été donnée dans le chapitre I bibliographique, figure I.8 et § I.2.4). Il a par contre été choisi de mettre en avant la fraction assimilée de ces composés donnant lieu à de la croissance cellulaire (ce qui traduit par ailleurs la dynamique d'oxydation des substrats à éliminer : S_{NH}, S_S).

Cette fraction, pour les autotrophes, permet ainsi la croissance ($1/Y_A$, avec S_{NH} oxydé en S_{NO}) et nécessitera aussi une fraction i_{XB} d'azote comme azote cellulaire ($C_5H_7NO_2$). De même, pour les hétérotrophe (X_{BH}), l'oxydation de S_S permettra la synthèse cellulaire ($1/Y_h$) et consommera une fraction i_{XB} d'azote.

Au regard des conditions de travail imposées dans le réacteur, une partie de ces populations décèdent au cours du temps, ce décès se traduit par la production dans le

116

milieu réactionnel de métabolites particulaires qui seront différenciés par (i) leur caractère biodégradable (en différenciant en plus la fraction organique X_s, de la fraction purement azotée X_{ND}) et (ii) leur caractère de non biodégradabilité (X_p). Il est supposé que la composition chimique des cellules est identique quelle que soit leur classification (autotrophe ou hétérotrophe), et que leur hydrolyse génère donc des proportions données identiques de métabolites purement organiques (biodégradable ou non) et de métabolites azotés.

Les fractions particulaires biodégradables X_S et X_{ND} vont subir une hydrolyse biologique qui génère des fractions solubles organiques et azotées, respectivement S_s et S_{ND}, S_S est alors un substrat organique soluble facilement assimilable par les populations hétérotrophes, S_{ND} subit d'abord une ammonification pour reformer de l'azote ammoniacal S_{NH} qui peut être alors être utilisée principalement comme substrat par les populations nitrifiantes.

III.4.2 Bilans matière

Les relations indiquées dans ce chapitre correspondent au cas d'un réacteur ouvert supposé parfaitement agité et fonctionnant en régime permanent.

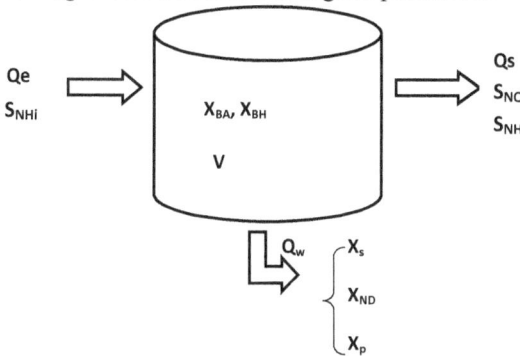

Figure III.23 Réacteur ouvert et flux de matière associés.

Qe, Qs et Qw sont respectivement les débits volumiques d'entrée d'eau, de sortie d'eau et d'extraction de boues.

S_{NH}, S_{NO}, S_S, X_S, X_{ND}, Xp, sont les concentrations respectives en substrat ammoniacal, en nitrates, en matière organique soluble facilement biodégradable, en

117

matière organique particulaire lentement biodégradable, en matière azotée particulaire, en matière organique particulaire inerte

X_{BH}, X_{BA} sont respectivement les concentrations dans le bioréacteur de populations hétérotrophes et autotrophes.

III.4.2.1 Expressions des concentrations en composés azotés et bactéries autotrophes

La figure III.24 illustre le cas des composés solubles ammoniacaux, S_{NH}, et leurs devenirs au cours des réactions.

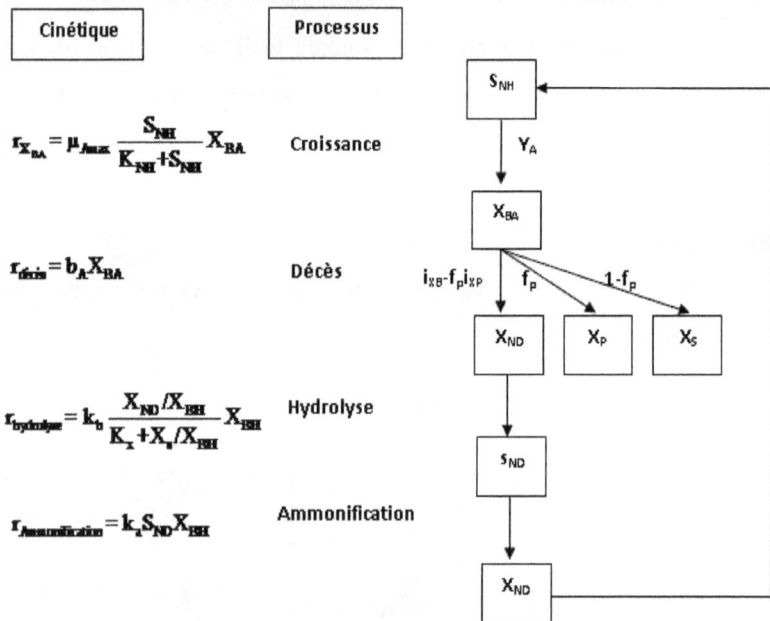

Figure III.24 Devenir des composés azotés S_{NH}.

Les composés azotés suivent deux voies principales :

- Une partie importante est oxydée en azote nitrates par nitrification. La réaction d'oxydation libère de l'énergie qui permet la croissance des populations autotrophes. La dynamique de croissance de ces populations se traduit par une vitesse réelle de croissance $r_{X_{BA}}$, exprimée au travers d'une relation

118

homographique de type Monod. La vitesse de production de nitrates $r_{S_{NO}}$ est alors supposée proportionnelle à cette vitesse de croissance telle que : $r_{S_{NO}} = (1/Y_A) r_{X_{BA}}$ avec Y_A, rendement de conversion exprimée en g $_{biomasse\ produite\ (gDCO)}$ /g$_{NH\ éliminé}$.

- Cependant une fraction d'azote est alors utilisée pour intégration cellulaire des autotrophes comme des hétérotrophes. La fraction instantanément utilisée d'azote S_{NH} pour fabriquer ces nouvelles cellules est supposée proportionnelle à la vitesse de croissance des populations concernées, pour la partie autotrophe seule, elle se traduit par le produit (i_{XB} . $r_{X_{BA}}$).

- Ensuite, la mortalité conduit à la production de co-produits : une fraction f_p de composés inertes et une fraction i_{XB}-$f_p i_{XP}$ d'azote particulaire X_{ND} rapidement hydrolysé en azote organique S_{ND} qui devient après ammonification de l'azote ammoniacal S_{NH}. Cette vitesse de création de S_{NH} apparaît comme proportionnelle à la vitesse de lyse cellulaire ($b_A X_{BA}$ pour les autotrophes), où b_A apparaît comme un coefficient d'attrition endogène (j^{-1}).

Dans le cas d'un réacteur où l'activité des autotrophes serait dominante, le tableau III.9 donne les différentes variables d'état concernées par le cycle de l'azote dans le métabolisme bactérien et les expressions des vitesses de transformations concernées.

Tableau III.9 Les différentes variables d'état concernées par le cycle de l'azote dans le métabolisme bactérien selon ASM1

Variables — Processus	X_{BA}	X_p	S_{NO}	S_{NH}	S_{ND}	X_{ND}	Vitesse $[ML^{-3}T^{-1}]$
Croissance aérobie des autotrophes	1		$1/Y_A$	$-(i_{XB} +1/Y_A)$			$\mu_{Am} \dfrac{S_{NH}}{S_{NH}+K_{NH}} \dfrac{S_O}{S_O+K_{OA}} X_{BA}$
Décès des autotrophes	-1	fp				$(i_{XB} - fp.\, i_{XP})$	$b_A X_{BA}$
Ammonifications de l'azote organique soluble				1	-1		$ka S_{ND} X_{BH}$
Hydrolyse de l'azote organique					1	-1	$k_h \dfrac{X_s/X_{BH}}{K_X+(X_s/X_{BH})} X_{BH} X_{ND}/X_s$

Dans un réacteur parfaitement agité, fonctionnant en régime permanent, le bilan matière sur le substrat azoté s'écrit, pour une activité autotrophe seule, selon la relation III.14 suivante:

$$\frac{(S_{NHe} + S_{NDe} + X_{NDe})}{HRT} + (i_{XB}\text{-}f_{P}i_{XP})\, b_A X_{BA} = \mu_{Am}(i_{XB} + \frac{1}{Y_A}).(\frac{S_{NH}}{S_{NH}+K_{NH}})\, X_{BA} \qquad \text{(III.14)}$$

fp, i_{XP} et i_{XB} sont respectivement (i) la fraction particulaire inerte de la biomasse lysée, (ii) la teneur en azote dans cette fraction et (iii) la teneur en azote dans la biomasse active (exprimée en $gN/gDCO_{biomasse}$)

Le premier terme « $(S_{NHe} + S_{NDe} + X_{NDe})$ / HRT », représente la charge volumique entrante en azote.

Le second terme « $(i_{XB}\text{-}f_{p}i_{XP})\, b_A X_{BA}$ » représente le flux de matière azotée apportée par la lyse cellulaire, diminué de la part d'azote restant dans les produits de lyse non biodégradables ou fractions inertes (Xp).

Le dernier terme traduit la disparition de l'azote au travers de (i) la fabrication de nouvelles cellules autotrophes ($i_{XB} \cdot r_{X_{BA}}$) et (ii) l'oxydation de l'azote en azote nitrates

$$(r_{S_{NO}} = r_{X_{BA}}/Y_A) \qquad \text{(III.14)}$$

La vitesse réelle de croissance de la biomasse a pour expression :

$$r_{X_{BA}} = \left(\mu_{Amax}\frac{S_{NH}}{K_{NH}+S_{NH}}\right)X_{BA} \qquad \text{(III.15)}$$

Prenant en compte le décès simultané de la biomasse, la vitesse apparente de croissance apparaît comme:

$$r_{X_{BA\ apparent}} = \left(\mu_{Amax}\frac{S_{NH}}{K_{NH}+S_{NH}} - b_A\right)X_{BA} \qquad \text{(III.16)}$$

Où

La population de microorganismes X_{BA} se stabilise dans le réacteur lorsque le flux apparent produit est égal au flux extrait (extraction continue de la biomasse produite en excès):

$$Vr_{X_{BAapparent}} = QX_{BAextrait} \qquad \text{(III.17)}$$

Prenant en compte la définition du temps de rétention de la biomasse SRT dans le réacteur, rapport de la masse biologique dans le réacteur par le flux extrait:

$$r_{X_{BAapparent}} TSB = X_{BAextrait} \tag{III.18}$$

La stabilisation de la masse biologique autotrophe dans le réacteur se traduit alors par la relation suivante :

$$\mu_{Amax} \frac{S_{NH}}{K_{NH} + S_{NH}} = \frac{1}{TSB} + b_A \tag{III.19}$$

SRT est supposé identique pour toutes les espèces bactériennes présentes.

La combinaison de l'équation III.14 et III.19 donne la concentration en biomasse active en régime stationnaire dans le réacteur (équation 3) :

$$X_{BA} = \frac{\dfrac{1}{HRT} (S_{NHe} + S_{NDe} + X_{NDe})}{((\dfrac{1}{Y_A} + i_{XB})(b_A + \dfrac{1}{TSB}) - (i_{XB} - f_P i_{XP}) b_A)} \tag{III.20}$$

Heran et al., (2010) ont introduit dans cette relation un rapport adimensionnel CF, rapport du temps de rétention de la phase solide dans le réacteur par le temps de séjour de la phase liquide

$$(CF = TSB/HRT) : \tag{III.21}$$

En connaissant les valeurs de coefficient de décès (b_A) et de conversion (Y_A), ainsi que les grandeurs i_{XB}, f_p et $i_{XP,}$ dont les valeurs par défaut sont données dans le modèle ASM1, **la concentration X_{BA} peut être facilement calculée en régime stationnaire grâce à cette relation pour des valeurs imposées des temps de rétention des phases liquide (HRT) et solide (SRT).**

L'utilisation de cette relation peut aussi être utile pour calculer la concentration atteinte en nitrates dans l'eau de sortie en régime permanent, exprimée par la relation suivante :

$$S_{NO} = \frac{(1 + b_A TSB)}{Y_A CF} X_{BA} \tag{III.22}$$

A l'inverse, la mesure expérimentale de la concentration en nitrates (S_{NO}) dans l'eau traitée (en supposant qu'aucune dénitrification n'est possible dans les conditions choisies de travail) est aussi un outil pour déduire la concentration en biomasse autotrophe.

III.4.2.2 Expressions des besoins en oxygène

Les besoins en oxygène sont relatifs à deux processus complémentaires:

- Le premier est lié à l'oxydation (réaction stœchiométrique donnée dans le chapitre bibliographique, relation [I.2]) du substrat S_{NH} en S_{NO}, soit environ 4,57 gO_2/gS_{NH}. La dynamique de cette demande en oxygène, est directement liée à la dynamique (vitesse de réaction) d'oxydation du substrat. Elle peut être traduite par une vitesse de consommation d'oxygène, dite exogène car la présence de substrat exogène y est associée, elle est notée OUR_{exo} (Oxygen Uptake rate).

- Le second est lié à la vitesse de consommation d'oxygène par les bactéries placées dans un état endogène. Ainsi, en absence d'un substrat exogène disponible, c'est le concept de mort-régénération qui va permettre le maintien de l'activité bactérienne sur l'oxydation des produits de lyse. Cette demande est notée OUR_{end}, elle représente l'oxygène nécessaire à l'oxydation du substrat provenant de la lyse bactérienne.

- L'écriture dans la matrice de Petersen (tableau III.9) permet ainsi d'exprimer les besoins en oxygène pour les espèces autotrophes seules, selon les écritures suivantes:

$$OUR_{total} = OUR_{exo} + OUR_{endt} \qquad (III.23)$$

$$OUR_{exo} = \frac{(4.57\text{-}Y_A)}{HRT} S_{NO} \qquad (III.24)$$

$$OUR_{endau\,t} = (4,57\text{-}Y_A)\left[(i_{xB}\text{-}f_p\, i_{xp})(b_A X_{BA} + b_H X_{BH}) - i_{XB}\cdot\mu_{BHend}\cdot X_{BH}\right] \qquad (III.25)$$

Les besoins exogènes pour l'oxydation du substrat exogène S_{NH} sont liés à la formation des nitrates S_{NO}. Une partie de l'azote présent dans l'eau d'entrée sert également à la fabrication de nouvelles cellules autotrophes (dont la vitesse de création est supposée, pour simplifier, proportionnelle à la vitesse de création des ions nitrates, $r_{S_{NO}}$, telle que $r_{X_{BA}} = Y_A \cdot r_{S_{NO}}$.

Les besoins endogènes quant à eux correspondent au décès des bactéries autotrophes et hétérotrophes qui génère une fraction (i_{XB}-fp. i_{XP}) d'azote organique particulaire X_{ND} qui, après hydrolyse et ammonification, laisse apparaître dans le milieu un substrat S_{NH} à oxyder (cet aspect est traduit par le premier terme du membre de droite de l'équation). Toutefois, la lyse cellulaire des deux populations conduit aussi à l'apparition d'un substrat organique particulaire Xs qui va générer un substrat organique soluble Ss assimilable par les cultures hétérotrophes (figure III.23) qui, même en conditions endogènes, vont alors pouvoir croître sur ce substrat mais vont avoir besoin simultanément d'assimiler une partie de l'azote S_{NH} issu de la lyse bactérienne.

La croissance cellulaire hétérotrophe aux dépens de cette quantité Ss libérée est telle que :

$$r_{X_{BH}} = \mu_{BHend} X_{BH} \qquad \text{(III.26)}$$

Les besoins associés en azote pour cette croissance cellulaire sont ($i_{XB} \cdot r_{X_{BH}}$), ou encore, en équivalent azote ($i_{XB} \cdot \mu_{BHend} X_{BH}$)

Ainsi, la quantité d'azote libérée par la lyse qui pourrait être oxydée, doit être diminuée de cette dernière quantité pour estimer les besoins en oxygène en conditions endogènes.

De la même façon, les besoins en carbone minéral peuvent être déduits des bilans matière (tableau III.10).

Pour une population mixte, les besoins en oxygène, exogènes et endogènes des hétérotrophes ainsi que l'expression de X_{BH}, sont donnés dans l'annexe C.

III.4.2.3 Production de biomasse et co-produits

a) Concentration de matière particulaire inerte provenant de la lyse bactérienne

La vitesse de production de matière inerte est traduite par la grandeur rX_p issue de la lyse bactérienne. Elle peut être traduite par l'expression suivante:

$$rX_p = f_p \left(b_A X_{BA} + b_H X_{BH} \right) \qquad (III.27)$$

Intégrant le fait que le système fonctionne en régime permanent, le flux de production de co-produits inertes doit donc être compensé par le flux d'extraction ($Q_w . X_p / V$). Prenant en compte le fait que SRT est le même pour toutes les espèces particulaires, le bilan sur X_p conduit à l'expression de la concentration X_p comme suit :

$$X_P = f_P \left(b_A X_{BA} + b_h X_{BH} \right) TSB \qquad (III.28)$$

b) Production apparente de biomasse autotrophe :

En utilisant la figure III.23, il est facile de suivre la production de biomasse et co-produits et d'exprimer les relations entre grandeurs cinétiques.

Pour les espèces autotrophes, le taux de conversion apparent Y_{Aobs} exprime le flux de biomasse autotrophe produit (intégrant la croissance réelle diminuée du décès des espèces considérées) rapporté au flux d'azote oxydé, soit :

$$Y_{A obs} = \frac{ \left(\mu_{BA} - b_A \right) X_{BA} . V }{ Q . \sum S_N } \qquad (III.29)$$

Où $\sum S_N$ correspond aux différentes formes d'azote organique et minéral dans l'eau d'entrée qui seront oxydées.

Prenant en compte l'expression de X_{BA} donnée par la relation III.20 et de Xp, Y_{obs} peut alors s'écrire aussi :

$$Y_{A obs} = \frac{ (f_P b_A TSB + 1) Y_A }{ (i_{XB} Y_A + 1)(1 + b_A TSB) - (i_{XB} - f_P i_{XP}) TSB \, b_A Y_A } \qquad (III.30)$$

c) Concentration de matière particulaire biodégradable provenant de la lyse bactérienne

La vitesse de production de ces composés azotés au sein d'une matrice particulaire biodégradable est traduite par la grandeur rX_{ND}, issue de la lyse bactérienne. Elle peut être traduite par l'expression suivante:

$$rX_{ND}=\left(i_{XB}-f_p i_{XP}\right)\left(b_A X_{BA} + b_H X_{BH}\right)$$
(III.31)

La vitesse d'hydrolyse des composés azotés particulaires biodégradables est supposée s'écrire sous la forme suivante :

$$r'X_{ND}=k_h \frac{\left(X_{ND}/X_{BH}\right)}{Kx+\left(X_S/X_{BH}\right)} X_{BH}$$
(III.32)

Où k_h apparaît comme une vitesse maximale spécifique d'hydrolyse (T^{-1}), Kx comme une constante de demi-saturation (adimensionnelle) et les rapports X_{ND}/X_{BH} et X_S/X_{BH} comme des coefficients interrupteurs.

Le régime permanent est atteint lorsque le flux de création de X_{ND} est égal à la somme du flux d'hydrolyse et du flux d'extraction instantanée des composés particulaires X_{ND} (avec le flux de boues extrait) :

$$rX_{ND}V=r'X_{ND}V-Q_W X_{ND}$$
(III.33)

Soit pour expression de X_{ND} :

$$X_{ND}=\frac{\left(i_{XB}-f_p i_{XP}\right)(b_A X_{BA}+b_h X_{BH})}{\frac{1}{TSB}+\frac{k_h}{Kx+\frac{X_s}{X_{BH}}}}$$
(III.34)

Avec $Q_w=V/TSB$

Le développement des équations en régime permanent permet d'identifier les principaux paramètres influençant les variables d'état, et simplifie ainsi l'analyse de sensibilité. Ensuite, elles permettent aussi de montrer les grandes tendances (Fig. 25) de la nitrification.

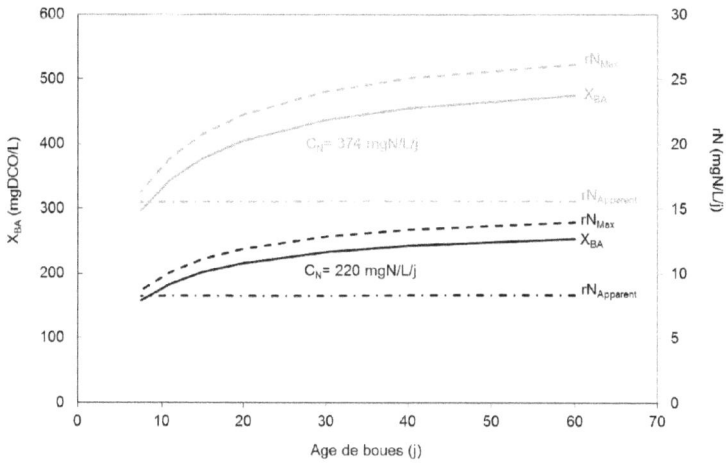

Figure III.25 Influence des paramètres opératoires (SRT et C_N) sur le traitement de l'azote.

Tableau III.10 Besoin en oxygène (exogène) et en carbone minérale en ASM1.

Variables / Processus	X_{BA}	X_p	S_{NO}	S_{NH}	S_{ND}	X_{ND}	S_O	S_{Alk}	Vitesse [$ML^{-3}T^{-1}$]
Croissance aérobie des autotrophes	1		$1/Y_A$	$-(i_{XB}+1/Y_A)$			$-4{,}57/Y_A+1$	$-i_{XB}/14-1/7Y_A$	$\mu_{Am}\dfrac{S_{NH}}{S_{NH}+K_{NH}}\dfrac{S_O}{S_O+K_{OA}}X_{BA}$
Décès des autotrophes	-1	fp				$(i_{XB}-fp\cdot i_{XP})$			$b_A X_{BA}$
Ammonifications de l'azote organique soluble				1	-1			1/14	$ka\,S_{ND}X_{BH}$
Hydrolyse de l'azote organique					1	-1			$k_h\dfrac{X_s/X_{BH}}{K_x+(X_s/X_{BH})}X_{BH}X_{ND}/X_s$

III.4.3 Avantage des équations en régime permanent -Analyse de sensibilité

Une analyse de sensibilité peut aider à déterminer les paramètres ayant la plus grande influence sur les réponses d'un système réactionnel dont le fonctionnement est simulé par un outil de modélisation donné. Il est alors possible de classer ceux-ci en fonction de la sensibilité des variables d'état à la variation de l'un de ces paramètres. Ce type d'approche est largement utilisé pour l'utilisation des modèles biologiques (Weijers et Vanrolleghem, 1997 ; Dochain et al,. 2001 ; Barañao et Hall, 2004). La méthode la plus largement utilisée est de faire varier, pour chaque variable d'état (13 variables d'états), chaque paramètre du modèle ASM1 (18 coefficients cinétiques et paramètres stœchiométriques) mais cela engendre un nombre très important de simulations à effectuer (Stricker, 2000; Fenu et al, 2010) avec des temps de calcul importants pour intégrer les réponses en régime transitoire. D'où l'intérêt de développer dans un premier temps des équations en régime permanent qui rendent l'analyse de sensibilité plus facile.

L'analyse de la sensibilité repose sur la relation III.35 qui montre le lien de proportionnalité entre la variation relative de la fonction d'état F avec la variation relative Θ de la grandeur cinétique étudiée, le coefficient de proportionnalité β traduit alors la sensibilité de la variable d'état à la variation du paramètre ciblé :

$$\frac{dF}{F} = \beta \frac{d\Theta}{\Theta} \qquad \text{(III.35)}$$

L'analyse de sensibilité est illustrée dans le tableau III.10. Pour la problématique « nitrification », les cinq variables d'état choisies sont X_{BA}, S_{NO}, OUR_{endt}, X_p, X_{ND} et dont les expressions analytiques respectives en régime permanent sont données par les équations III.20, III.22, III.23, III.28 et III.34. La sensibilité du modèle sur ces cinq variables d'état a été étudiée au travers de l'influence de quatorze paramètres, répartis en quatre catégories, paramètres opératoires, paramètres cinétiques, paramètres stœchiométriques, grandeurs d'état (tableau III.11).

Tableau III.11 Récapitulatif de l'analyse de sensibilité

Paramètres		Variables				
		X_{BA}	Xp	S_{NO}	X_{ND}	OUR_{endt}
Paramètres opératoires	HRT	**		**		
	SRT	*	**	**	*	*
Stœchiométrique	Y_A	***		**		
	Fp	*	*		*	*
	i_{XB}	*			***	***
	i_{XP}	*			*	*
Cinétique	b_A	**	**		***	***
	b_h		**		***	***
	k_h				***	***
	K_x				**	**
Variables d'état	X_{BA}		**		***	***
	X_{BH}		***		***	***
	X_s				**	**
	S_{NHe}	*				

(*) $\beta \leq 0,04$ n'est pas influençable

(**) $0,04 < \beta \leq 1$ Moyennement influençable

(***) $1 < \beta \leq 5$ très influençable

En annexe D, sont données, pour chaque variable d'état, leur dérivée par rapport au coefficient correspondant. La sensibilité est quantifiée au travers de trois domaines d'importance (illustrés par trois domaines de couleur) :

Remarque

il est important de montrer que :

- Le taux de croissance μ_{Amax} n'apparait pas dans les équations en régime permanent. Il n'est donc pas porté dans ce tableau. Il faut toutefois noter que des liens très forts ont été soulignés entre μ_{Amax} et b_A (Choubert et al., 2002, Marquot, 2006).

- K_{OA} ne parait pas dans les équations que nous avons définies en régime permanent car il a été supposé que le milieu était suffisamment aéré pour favoriser la nitrification. Dans ce cas, sa valeur choisie par défaut $(0,4 \, gO_2.m^{-3})$ montre qu'il n'a pas d'influence sur l'évolution des variables d'état.

Comme K_{OA}, K_{NH} n'apparait pas dans les équations définies en régime permanent, mais son influence est quand même liée à la concentration de S_{NH} dans le milieu par la fonction interrupteur $S_{NH}/ (K_{NH}+S_{NH})$.

Les résultats indiqués dans le tableau montre que:

- Quatre paramètres influencent très fortement la variable d'état X_{BA} : un paramètre opératoire (HRT), un paramètre stœchiométrique (Y_A), une variable cinétique qui est le taux de décès (b_A) et bien évidemment le type de substrat à l'entrée de système biologique. Les autres paramètres (f_p, i_{XB}, i_{XP}) ont peu d'influence sur X_{BA}.

- Les produits de lyse sont fortement influencés par les teneurs en biomasse dans le réacteur et les taux de décès respectifs. La concentration en matière particulaire biodégradable des produits de lyse est aussi très fortement influencée par la vitesse d'hydrolyse (au travers de k_h).

- Enfin, la demande en oxygène en conditions endogènes est très influencée par la concentration en bactéries autotrophes et hétérotrophes dans le milieu, confirmant l'intérêt des mesures d'OUR_{endt} pour une estimation inverse de ces grandeurs.

III.4.4 Conclusion partielle

Ce paragraphe avait pour objet de développer les équations décrivant le fonctionnement du bioréacteur en régime permanent, les équations sont inspirées du modèle ASM1. Leur écriture a été basée sur des bilans matières aux bornes du réacteur intégrant les vitesses décrites par le modèle ASM1. Ces équations permettent également de comprendre les processus biologiques et font ressortir les paramètres qui influencent le plus une variable d'état, explicitant ainsi tout changement brusque de l'évolution de cette variable dans les conditions réelles de fonctionnement. Les équations identifiées dans ce paragraphe sont celles conduisant au calcul des grandeurs suivantes X_{BA}, X_{BH}, S_{NO}, X_p, OUR, Y_{Aobs}, variables déterminantes notamment lors de projet de dimensionnement.

III.5 Adéquation du modèle aux résultats-Cinétiques intrinsèques de nitrification

Dans cette section, l'adéquation du modèle développé en régime permanent a été faite en comparant les résultats expérimentaux avec les valeurs simulées issues des équations proposées.

L'adéquation du modèle a été faite en intégrant l'activité des cultures hétérotrophes se développant sur les produits biodégradables issus de la lyse des autotrophes bactérienne (figure III.22 et tableau III.12). Pour l'activité des cultures hétérotrophes, les équations bilan ont été présentées dans l'annexe E. Le tableau III.12 rappelle l'expression des variables pouvant être calculées par le modèle dont la valeur a pu aussi être mesurée expérimentalement.

Tableau III.12 Expressions des variables calculées

Variables	Expressions
X_{BA}	$$X_{BA}=\dfrac{\dfrac{1}{HRT}(S_{NHe}+S_{NDe}+X_{NDe})}{((\dfrac{1}{Y_A}+i_{XB})(b_A+\dfrac{1}{TSB})-(i_{XB}-f_{Pi_{XP}})b_A)}$$
X_{BH}	$$X_{BH}=\dfrac{Y_H(1-f_p)b_A X_{BA}}{\dfrac{1}{TSB}+b_H(1-Y_H(1-f_p))}$$
OUR_{endaut}	$$OUR_{End}=(4{,}57-Y_A)\left[(i_{XB}-f_{P}\,i_{XP})(b_A X_{bA}+b_H X_{bH})-i_{XB}\cdot\mu_{BHendo}\cdot X_{bH}\right]$$
OUR_{exo}	$$OUR_{exo}=\dfrac{(4.57-Y_A)}{HRT}S_{NO}$$
X_{ND}	$$X_{ND}=\dfrac{\left(i_{XB}-f_p i_{XP}\right)(b_A X_{BA}+b_h X_{BH})}{\dfrac{1}{TSB}+\dfrac{k_h}{K_X+\dfrac{X_s}{X_{BH}}}}$$
X_p	$X_p=f_P(b_A X_{BA}+b_h X_{BH})\,TSB$
S_{NO}	$$S_{NO}=\dfrac{(1+b_A TSB)}{Y_A CF}X_{BA}$$
Y_{obs}	$$Y_A{}^{obs}=\dfrac{(f_{pb_A}TSB+1)Y_A}{(i_{XB}Y_A+1)(1+b_A TSB)-(i_{XB}-f_{Pi_{XP}})\,TSB\,b_A Y_A}$$

132

Les campagnes de référence où un régime permanent en termes de performances a été atteint sont les campagnes I et III.

III.5.1 Activités respirométriques OUR et détermination des X_{BA} et X_{BH}

La méthodologie expérimentale pour les mesures respirométriques est décrite dans la section de chapitre II. Les mesures respirométriques sont faites en état (i) endogène sans inhibiteur pour la mesure de l'OUR_{endt}, (ii) endogène avec inhibition pour la mesure de l'OUR_{endaut} et OUR_{endhet}, (iii) en présence de substrat azoté pour mesurer la vitesse de nitrification.

Dans ce paragraphe, sont détaillées :

- les résultats de mesures respirométriques : les mesures endogènes hétérotrophes et autotrophes;
- Les procédures adoptées pour calculer la concentration de la biomasse active X_{BA} et X_{BH};
- Les vitesses de nitrification maximales mesurées lors des campagnes I et III.

Les résultats des mesures respirométriques, OUR_{endt}, OUR_{endhet}, OUR_{endaut} ainsi que les vitesses de nitrification maximales déterminées après de macro injection le jour 45 et 115, sont récapitulés dans le tableau III.13. Les courbes obtenues suite à l'injection des inhibiteurs sont regroupées en annexe E : mesure de l'OUR_{endt}, l'OUR_{endhet} après injection.

Tableau III.13 La consommation d'oxygène en régime permanent avant : (OUR_{endt}) et après addition d'inhibiteur: (OUR_{endhet}) et OUR_{endaut}.

Temps (jours)	20	40	45	95	115	120
OUR_{endt} (mgO$_2$/L/j)	31,89	36,12	38,12	77,18	76,78	75,91
OUR_{endhet}(mgO$_2$/L/j)	23,12	24,32	23,69	56,27	55,12	55.41
OUR_{endaut} (mgO$_2$/L/j)	8,77	11,8	14,43	20,91	21,66	20,5
rNHmax (mgN/L/h)	-	-	10,76		20,8	

Dans les conditions de non limitation en substrat et en oxygène dissous, la vitesse maximale de nitrification s'écrit :

$$r_{S_{NHmax}} = \mu_{Amax} \frac{X_{AB}}{Y_A} \tag{III.36}$$

D'où

$$X_{AB} = \frac{Y_A \, r_{S_{NHmax}}}{\mu_{Am}} \tag{III.37}$$

Les concentrations des biomasses autotrophes et hétérotrophes peuvent être calculées en utilisant les valeurs mesurées de l'OUR$_{endt}$ et l'OUR$_{endhet}$ dont les expressions sont rappelées ci-après (l'équation III.23 pour l'OUR$_{endt}$ qui est la somme de l'OUR$_{endaut}$ (l'équation III.25) de la section III.3 et l'OUR$_{endhet}$ (l'équation C.2 de l'annexe C)):

$$\text{OURendt} = \overbrace{(1-f_P)(1-Y_h)b_h X_{BH} + (1-f_P)(1-Y_h)b_A X_{BA}}^{\text{OUR}_{endhet}}$$
$$+ \left(4,57 - Y_A\right)\left[\begin{array}{c}(i_{XB} - f_P \, i_{XP})\left(b_A X_{bA} + b_H X_{bH}\right)\\ -i_{XB} \cdot \mu_{BHendo} \cdot X_{bH}\end{array}\right] \tag{III.38}$$
$$\underbrace{\qquad\qquad\qquad\qquad\qquad\qquad}_{\text{OUR}_{endaut}}$$
$$\text{OUR}_{endhet} = (1-f_p)(1-Y_H)b_h X_{BH} + (1-f_p)(1-Y_H)b_A X_{BA} \tag{III.39}$$

μ_{BHend} est le taux de croissance des bactéries hétérotrophes à l'état endogène (j^{-1}).

Une approximation de cette valeur est faite en se basant sur l'équation C.3 de l'annexe C, qui donne la valeur de substrat soluble biodégradable à l'état endogène (Heran et al 2010) et l'équation III.40.

$$\mu_{BHend} = \mu_{BHm} \frac{S_s}{S_s + K_s} \tag{III.40}$$

En travaillant avec deux SRT différents, la valeur de Ss et par la suite μ_{BHend} vont prendre deux valeurs différentes. Le calcul de μ_{BHend} donne une valeur de 0.66 et 0.64 j^{-1} respectivement pour TSB de 20 jours et 40 jours, μ_{BHend} ne paraît donc pas dépendre de TSB. Une valeur moyenne de μ_{BHend} est prise égale à 0.65j^{-1}.

Le suivi est fait durant les jours (20, 40, 45, 95, 115, 120), durant lesquels le régime permanent est établi. Les valeurs de X_{BA} et X_{BH}, mesurées par respirométrie, sont données dans le tableau III.14. L'équation de X_{BH} en régime permanent est donnée en annexe C (équation C.1, d'après Heran et al., 2010). X_{BA} est aussi obtenue par mesure de la vitesse maximale de nitrification (mesurée aux jours 45 et 115), le pourcentage de déviation entre les valeurs trouvées par les deux méthodes est indiqué.

Tableau III.14 Pourcentage de déviation entre les valeurs mesurées et les valeurs obtenues par les équations

Méthode Jour	Biomasse active (mgDCO/L)	Obtenue par Respirométrie	Obtenue par équations	Par mesure de r_{SNHmax}	%Déviation (en valeur absolue)
20	X_{BA}	167,25	216		22,5
	X_{BH}	74,32	79.02		6
40	X_{BA}	212,68	216		3,37
	X_{BH}	67,52	79,02		15
45	X_{BA}	249,07	216	195,7	17,45
	X_{BH}	53,61	79,02		32
95	X_{BA}	401	454		11,67
	X_{BH}	165,48	185,74		10,9
115	X_{BA}	409,47	454	379	9,8
	X_{BH}	176,77	185,74		5
120	X_{BA}	393,44	454		13,33
	X_{BH}	178,26	185,74		4

Il ressort de l'analyse du tableau III.14 que la respirométrie décrit bien l'évolution de la biomasse autotrophe et hétérotrophe malgré une déviation qui varie entre 4 à 32% entre les valeurs obtenues par les équations développées en régime permanent et celles trouvées par respirométrie, cette déviation peut être due à l'imprécision expérimentale. En effet la méthode respirométrique comporte certaines contraintes qui conditionnent la qualité du résultat. Plusieurs paramètres sont à prendre en compte :

- le temps de réponse et la dérive des sondes : la dérive est associée au vieillissement de la membrane de la sonde.

- la présence de bulles à la surface des sondes. Cette présence engendre une perturbation du signal et une erreur sur la mesure des concentrations. Ce phénomène provoque une imprécision de la mesure.

III.5.2 Vitesse de nitrification intrinsèque

La connaissance de la valeur de X_{BA} permet le calcul de la concentration en nitrate en régime permanent à travers l'équation III.22. La valeur obtenue de S_{NO} est comparée à la valeur expérimentale. Une valeur de 123 mgN/L est obtenue par calcul alors que la valeur obtenue expérimentalement est en moyenne de 120mgN/L, ce qui donne une déviation entre valeurs théorique et expérimentale de 2,43%.

Dans le tableau III.15 sont données les vitesses apparentes obtenues expérimentalement (assimilées pratiquement à la charge volumique appliquée) ainsi que les vitesses maximales intrinsèques rapportées à la concentration de la biomasse active.

Tableau III.15 vitesses de nitrification obtenues

Campagne	I			III		
Conditions	TSB=20 jour,Cv=0,22(kgN/m³/j)			TSB=40 jour,Cv= 0,374(kgN/m³/j)		
Jour	20	40	45	95	115	120
OUR$_{endaut}$ (mgO$_2$/L/j)	11,07	11,3	11,31	23,74	23,71	23,67
X_{BA}^{*} (mgDCO/L)	200,8	205,5	205,6	440,7	438,8	438,2
X_{BA} (mgMVS/L)	147,64	151,1	151,17	324,04	322,64	322,2
$r_{S_{NHmax}}$ apparent (mgN/L/j)	220	220	220	374	374	374
$r_{S_{NHmax}}$ (mgN/L/j)	-	-	252,3	-	500	-
OURexMax (mgO$_2$/L/j)			1075		2040	
$r_{S_{NHmax}}$ /OURendaut (mgN/mgO$_2$)	-	-	23,34	-	21,25	-
$r_{S_{NHmax}}$ /X$_{BA}$ mgN/mgX$_{BA}$ exprimé en DCO/j.	-	-	1,28	-	1,14	-

Ces valeurs peuvent être comparées aux valeurs des vitesses maximales rapportées de la littérature (tableau III.16)

Tableau III.16 Potentiel de nitrification maximale dans notre étude et calculé pour d'autres

Conditions	$r_{S_{NHmax}}$ /mgX$_{BA}$: mgN/mgDCO/j	Références
T=11°C, TSB≈15j	0,912-0,984	Choubert et al., 2005
--	1,56	Stricker, 2000
T=10-15°C, TSB=2-17j	2,13	Copp and Murphy 1995
T≈18°C, TSB=20-40j	1,21	Cette étude (en moyenne)

Il ressort de ces deux tableaux :

- Qu'en conditions stationnaires, il existe une vitesse maximale acceptable par les bactéries supérieures (respectivement 17 et 25% pour les campagnes I et III) à la vitesse imposée par la charge. Cela pourrait signifier qu'au-delà de cette vitesse maximale, la dynamique des espèces est perturbée, mettant le réacteur en régime transitoire. C'est peut-être ce qui s'est passé pendant la campagne II où la charge a été doublée par rapport à la campagne I, dépassant ainsi les capacités de traitement du système écologique en place. Il a fallu doubler SRT (campagne III) pour retrouver un régime stable.

- Une vitesse de nitrification maximale intrinsèque (vitesse rapportée à la concentration X_{BA} ou aux besoins de respiration en phase endogène des espèces concernées) qui demeure à peu constante pour les deux campagnes. Cette vitesse est du même ordre de grandeur que celles trouvées par Choubert, (2002), Stricker, (2000) (en intégrant la valeur de X_{BA} indiquées dans ces travaux). Ces valeurs restent très éloignées des vitesses apparentes de nitrification signalées dans les bassins à boues activées faible charge traitant des eaux usées urbaines (généralement comprises entre 2 et 3 gN/gMVS/h).

- Le rapport OUR$_{exMax}$/ $r_{S_{NHmax}}$ donne un rapport moyen de 4,17, proche de la valeur de (4.57-Y$_A$) avec Y$_A$ égal à 0,25.

III.5.3 Production de sous-produits

En connaissant les valeurs de X_{BH} et X_{BA}, la valeur de X_P peut être déterminée à travers son expression donnée dans le tableau III.12. La production apparente de boues peut alors être calculée comme étant le produit du flux volumique d'extraction par la concentration en espèces particulaires (soit la somme $X_{BA} + X_{BH} + X_P$). Cette production de boues ainsi qu'au rendement apparent de bioconversion $Y_{obs.}$ associé, peuvent être comparés aux valeurs correspondantes mesurées expérimentalement (tableau III.17).

Tableau III.17 Valeur de Y_{obs} mesuré et calculé

Campagne	I	III
Conditions	TSB=20 jour Cv =0,22(kgN/m³/j)	TSB=40 jour Cv= 0,374(kgN/m³/j)
X_P (mgDCO/L)	128	430
X_{BA} (mgDCO/L)	216	454
X_{BH} (mgDCO/L)	79	185,75
Yobs. calculé gDCO/gN	0,069	0,048
Yobs$_{mesuré}$ gDCO/gN	-	0,056

III.5.4 Conclusion partielle

Les résultats obtenus montrent :

- L'intérêt de l'outil respirométrique, spécifiquement la mesure en phase endogène, pour différencier biomasse autotrophe et hétérotrophe puis quantifier leur part respective d'activité. Ce résultat est original et la procédure adoptée est simple à mettre en œuvre.

- L'intérêt de deux nouveaux rapports cinétiques équivalents: (i) $r_{S_{NHmax}}$/OUR$_{endaut}$ qui reflète l'activité nitrifiante relativement à la population autotrophe active dans le réacteur, cette grandeur demeure constante, elle a été évaluée à une valeur moyenne 22,3 mgN/mgO₂.(ii) Un potentiel de nitrification intrinsèque, exprimé comme le rapport de la vitesse de nitrification à la concentration en biomasse nitrifiante, sa valeur a été évaluée à 1,21 mgN/mgX$_{BA}$/j

III.6 Extrapolation de cette approche à des cas réels de stations d'épuration

Des analyses respirométriques ont été faites sur des boues issues de deux stations proches de Montpellier, notées Station A et B. Ces deux stations traitent des eaux usées urbaines sous une charge indiquée comme faible ($Cm < 0,1j^{-1}$). Les expériences ont été faites à une température de 21°C, les valeurs de b_A et b_H ont été corrigées par rapport à leurs valeurs par défaut, en utilisant les coefficients de correction de la température $\theta_{bA}=1,072$ et $\theta_{bh}=1,12$.

Tableau III.18 Valeurs de MES et MVS mesurées pour les deux stations

Station	A	B
MES (g/L)	2,53	3,5
MVS (g/L)	2,15	3,18
Cv (gN/m³/jour)	0,09	0,12
pH	7,5-7,8	7,4-7,6

Les analyses respirométriques intègrent la même démarche que celle déjà décrite, en réacteur batch contenant les boues à analyser, il est procédé successivement à des mesures respirométriques en conditions endogènes, suivis de micro injection de substrat ammoniacal, de mesures de vitesse de nitrification, de mesures respirométriques après injection d'inhibiteur spécifique aux cultures autotrophes (les analyses respirométriques sont données sur l'annexe E). Le tableau III.19 regroupe les valeurs obtenues ainsi que les valeurs de X_{BA} et X_{BH} calculées.

Tableau III.19 Les valeurs obtenues de OUR_{endt}, OUR_{endaut} et l'OUR_{endhet}, les concentrations en X_{BA} et X_{BH} pour les deux stations A et B.

Station			A	B
Grandeurs mesurées		OUR_{endt} (mgO$_2$/L/j)	216,79	280,1
		OUR_{endhet} (mgO$_2$/L/j)	203,64	265,5
		OUR_{endaut} (mgO$_2$/L/j)	13,15	14.6
Grandeurs calculées		X_{BA} (mgDCO/L)	130	167
		X_{BH} (mgDCO/L)	920	1210
		$(X_{BA}+X_{BH})$/MVS (-)	0,32	0,30

Contrairement aux essais faits dans le travail expérimental en laboratoire sur substrat synthétique, il apparaît des différences importantes avec des stations traitant d'effluents urbains complexes :

- Les concentrations en biomasse active, autotrophe et hétérotrophe, ne représentent que 30% de la composition de MVS. Ce pourcentage est proche de celui trouvé par Espinosa en 2005, en travaillant sur une boue traitant une eau usée urbaine, où la biomasse active représente 57% des MVS.

- La concentration X_{BA} seule ne représente qu'à peine 5% des MVS, expliquant sans doute le fait que leur concentration est souvent négligée dans les calculs de dimensionnement ou de production de boues(Marquot, 2006).

Le tableau III.20 donne la vitesse de nitrification obtenue pour les deux stations ainsi que la vitesse de nitrification intrinsèque rapportée à la biomasse active X_{BA}.

Tableau III.20 Vitesse de nitrification obtenue et intrinsèque pour les deux stations A et B.

Station	A	B
X_{BA} (mgDCO/L)	130	167
$r_{S_{NHmax}}$ apparent (mgN/L/j)	120	179
$r_{S_{NHmax}}$ Mesurée (mgN/L/j)	172,8	228
$r_{S_{NHmax}}$ mgN/gMVS/j)	80,16	71,52
OUR_{exMax} (mgO$_2$/L/j)	756	979,2
$r_{S_{NHmax}}$ /X_{BA} (mgN/mgX$_{BA}$/j)	1,33	1,36

Les vitesse maximales intrinsèques sont proches à celles obtenues dans la section précédente. Le rapport OUR_{exMax}/ $r_{S_{NHmax}}$ donne 4,375 et 4,294 mgO$_2$/mgN respectivement pour la station A et B, ces deux valeurs permettent d'accéder au taux de conversion Y_A pour chaque station : 0,2 et 0,27 mgO$_2$/mgN respectivement pour la station A et B. Ceci met en évidence une nouvelle méthode simple pour déterminer le coefficient Y_A.

III.6.1 Conclusion parteille

Cette section est une application de la méthodologie développée. Où deux boues différentes ont été étudiées afin de (i)déterminer leurs composition en biomasse autotrophes et (ii) valider leur potentiel de nitrification. L'analyse respirométrique montre que la biomasse active autotrophe ne réprésente que 5% des MVS, ce qui laisse songeur sur le calcul des vitesses de nitrification ramené aux MVS (mgN/gMVS/j) et donne un sens au calcul de la vitesse intrinsèque de nitrification (mgN/mgX$_{BA}$/j).

III.7 Conclusion

Ce chapitre a été consacré à l'étude et la modélisation des performances de nitrification d'un bioréacteur à membranes alimenté par un substrat minéral. La démarche mise en place a permis de :

- Déterminer expérimentalement des vitesses apparentes de nitrification proches de la charge volumique imposée en conditions stables de fonctionnement. A l'inverse, lors de variations importantes de charge ou de dysfonctionnement ponctuel, la nitrification est apparue très incomplète malgré une présence en biomasse inchangée au cœur du réacteur.

- Mettre en avant l'intérêt de l'outil respirométrique pour atteindre les valeurs des paramètres stœchiométriques et cinétiques relatifs à la nitrification à savoir Y_A, K_{NH}, b_A, μ_{Am}.

- Développer les équations en régime permanent afin de disposer d'un outil rapide, simple et universel pour quantifier les concentrations respectives en cultures autotrophes et hétérotrophes dans le réacteur. Trois protocoles peuvent alors être utilisés :

  1- Déterminer X_{BA} avec l'expression de $r_{S_{NHmax}}$.

  2- Déterminer X_{BA} et X_{BH} avec les équations en régime permanent (Tab. III.12).

  3- Déterminer X_{BA} et X_{BH} par la mesure de l'OUR endogène hétérotrophe et autotrophe (Eq. III.38).

141

Ensuite l'écriture des vitesses intrinsèques aux autotrophes permet d'évaluer les activités réelles de ces populations comme le potentiel nitrifiant mgNnitrifié/mgX$_{BA}$/j. Cette vitesse spécifique, couplée à l'évolution de X$_{BA}$ permet la définition d'un outil universel de dimensionnement et d'extrapolation.

Chapitre IV

Etude de la dynamique de colmatage dans le Bioreacteur a membranes autotrophe

Beaucoup de travaux ont été conduits pour la compréhension de la dynamique de colmatage en bioréacteurs à membranes. La plupart concerne des systèmes biologiques traitant une eau dont la pollution majoritaire est la matière organique (eaux usées urbaines ou industrielles). Les causes majeures de colmatage ont toujours faits ressortir le rôle de la concentration en matière en suspension (notamment au travers du phénomène de clogging), des fractions organiques solubles (au travers de leurs interactions avec le matériau membranaire) et du développement d'un biofilm en surface membranaire.

Très peu de travaux ont été ciblés sur le fonctionnement d'un bioréacteur à membranes ne traitant qu'une pollution azotée minérale. L'originalité de ce type de système est en effet de développer des cultures moins concentrées en matière en suspension (par le fait de taux de croissance nettement plus faible que ceux observés avec des populations hétérotrophes) et, on peut le supposer, moins concentrées en métabolites bactériens colmatants (EPS).

L'objectif de ce quatrième chapitre est donc d'analyser la dynamique de colmatage dans le bioréacteur à membranes autotrophe en essayant de la relier aux caractéristiques de la suspension biologique à filtrer.

Ce chapitre est devisé en trois paragraphes:

- Analyse de l'évolution de la pression transmembranaire au cours du temps.
- Identification des paramètres influençant le colmatage à court terme
- Identification et quantification des différentes origines du colmatage selon les conditions opératoires imposées.

IV.1 Présentation des campagnes expérimentales

Les conditions opératoires des différentes campagnes sont rappelées dans le tableau IV.1

Tableau IV.1 Conditions opératoires

Campagne	I	II	III		IV
TSB(j)	20	20	Sans extraction	40	60
Période	01/12/2011-15/01/2012	16/01/2012-30/01/2012	31/01/2012-16/02/2012	17/02/2012-03/04/2012	01/05/2012-01-06-2012
flux Membranaire $(L/m^2/h)$	10	20	17	17	17
HRT (j)	0,625	0,312	0,334	0,334	0,334
NLR $(kgN/m^3/j)$	0,22	0,44	0,374	0,374	0,374
OLR $(kgCOD/m^3/j)$	0	0	0	0	0

Les trois premières campagnes correspondent à celles décrites et exploitées dans le chapitre III pour la partie « Biologie ». Une quatrième campagne apparaît ici, elle résulte d'une perte de boues survenue en fin de campagne III. Il a alors été décidé de réensemencer le pilote avec des boues issues d'un réacteur biologique alimenté par un substrat synthétique contenant la même charge minérale additionnée d'un substrat organique (acétate de sodium) avec un rapport $COD/N\text{-}NH_4^+$ de 1,5. Dès que ces boues ont été introduites dans notre réacteur, elles n'ont été alimentées qu'avec le substrat minéral utilisé pour les 3 premières campagnes.

Au cours de ces 4 campagnes, la maîtrise du colmatage membranaire a été effectuée par une aération continue au voisinage des membranes (aucune période de relaxation ou rétrolavage n'a été effectuée). Le débit d'air imposé au niveau du module membranaire est resté inchangé et égal à 200 NL/h pour les 4 campagnes, cette valeur a été trouvée comme optimale pour le BRM étudié par Lebègue et al., (2008). Quelques coupures occasionnelles de l'aération ont eu lieu lors d'arrêt de l'alimentation électrique pour cause de travaux ponctuels sur le bâtiment.

Toutefois, le travail à débit de filtration imposé induit des évolutions de pression et des régénérations chimiques ont été périodiquement nécessaires. La figure IV.1 indique, sur la période expérimentale, les 4 jours où les membranes ont été régénérées chimiquement. Il est remarquable de noter que pour une période globale de pratiquement 6 mois, seules quatre régénérations chimiques ont été nécessaires.

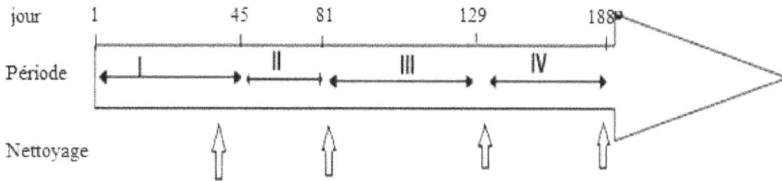

Figure IV.1 Les jours de nettoyage chimique des membranes pendant les 4 campagnes.

Les conditions de régénération chimique ont été indiquées dans le chapitre II (II.3.4). Les paragraphes suivants présentent les résultats obtenus et les liens entre caractéristiques de la suspension biologique et dynamique de colmatage.

IV.3 Evolution de la dynamique de colmatage en fonction des conditions de travail

Pour rappel les campagnes 1 et 2 ont été conduites avec un TSB de 20j mais avec des flux de filtration constants et respectivement égaux à 10 et 20 $L.h^{-1}.m^{-2}$ (soit des HRT correspondants égaux à 15 et 7,5h). Au démarrage de la campagne I, le système est alimenté avec des boues issues d'une station d'épuration.

Les campagnes III et IV se sont déroulées avec un SRT de 40j et un débit de filtration égal à 17 $L.h^{-1}.m^{-2}$ (soit un HRT correspondant égal à 8h). Pour atteindre plus rapidement le régime établi, les quinze premiers jours de la campagne III ont été conduits sans extraction de boues. En début de campagne IV, les boues sont issues d'un autre bioréacteur fonctionnant sous avec une alimentation intégrant du carbone organique.

IV.3.1 Evolution de la pression transmembrane au cours du temps (PTM)

La figure IV.2 représente l'évolution de la pression transmembranaire au cours du temps pendant les quatre périodes de fonctionnement (soit sur une durée totale de 200 jours). Sur cette figure IV.2, les flèches désignent les jours où une régénération complète de la membrane a été effectuée.

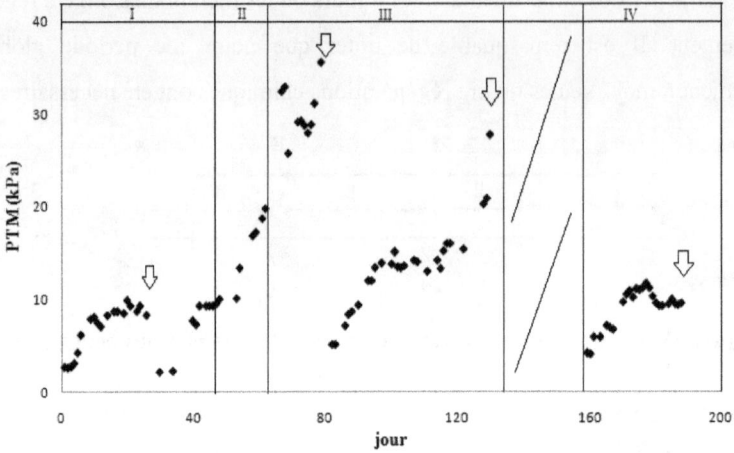

Figure IV.2 Evolution de PTM au cours du temps.

Quelle que soit la campagne considérée, juste après une régénération chimique des membranes, l'évolution de la pression transmembranaire présente 2 phases principales:

- Une première phase d'augmentation à une vitesse sensiblement constante, d(PTM)/dt variant entre 0,15 et 0,3 kPa/j, cette augmentation se poursuit sur une vingtaine de jours
- Une seconde phase où la pression transmembranaire évolue très lentement (< 0,007 kPa/j)

L'évolution de la PTM pendant la campagne II et en début de campagne III est particulière. Ce comportement peut avoir plusieurs origines :

- ces périodes débutent avec des membranes qui sont dans un état de colmatage correspondant à la deuxième phase décrite ci-dessus
- un doublement du flux de filtration en début de campagne II est imposé brutalement.

Ces conditions de travail se traduisent par une augmentation importante et continue de la PTM (0,976 kPa/j), bien au-delà de ce qu'engendrerait le simple doublement de

146

débit pour le début de la campagne II par exemple). Il est probable qu'un état limite de colmatage était déjà atteint en fin de campagne I et l'augmentation de débit a brutalement intensifié le colmatage (compression du dépôt ou biofilm présent en surface de membrane, augmentation de la masse de particules apportée à chaque instant sur la membrane…). L'analyse du comportement du réacteur biologique pendant cette deuxième campagne montre aussi une grande instabilité des processus réactionnels qui peut aussi jouer un rôle très négatif dans la dynamique de colmatage.

Un phénomène analogue, bien que le débit de filtration n'ait pas été modifié apparaît aussi en fin de campagne III.

Le tableau IV.2 donne les valeurs des vitesses de colmatage, traduite au travers de la variation instantanée de la résistance hydraulique en fonction du temps pour les 4 campagnes.

Tableau IV.2 Vitesse de colmatage au cours des différentes campagnes.

Période	Conditions	dR/dt ($m^{-1}j^{-1}$) E+12
Période 1	TSB =20 LMH=10 Cv=0.22 kgN/m^3/jour	Phase I : 0.26 Phase II : 0.0023
Nettoyage jour 30		
Période 2	TSB =20 LMH=20 Cv=0.44 kgN/m^3/jour	0.18
Période 3	Sans extraction, LMH=17 Cv=0.374 kgN/m^3/jour	0.16
	Nettoyage jour 82	
	TSB=40 LMH=17 Cv=0.374 kgN/m^3/jour	Phase I : 0.17 Phase II : 0.006 Phase III : 0.24
Nettoyage jour 126		
Période 4	TSB=60 LMH=17 Cv=0.374 kgN/m^3/jour	Phase I : 0.09 Phase II (pente positive)
Nettoyage fin période 4		

Tableau IV.3 Exemples de vitesse de colmatages indiqués dans d'autres études

Référence	Conditions	dR/dt (m j)$^{-1}$ E+12
Ognier et al., 2004	Cv=3 kgDCO/m^3/j LMH=10 l.m^{-2}.h^{-1}	0,31
Lobos, 2006	SRT=150j Cv=1kgDCO/m^3/j LMH=2,3 l.m^{-2}.h^{-1}	0,037
R. Van den Broeck et al., 2012	SRT = 10-30-50 j LMH= 16-27 Cv=0.39-0.65kgDCO/m^3/j Cv=0.031 kgN//m^3/j	SRT=10 jour + 0,24(LMH=16) SRT= 30 + 0,07(LMH=16) +0,87 (LMH=27) SRT=50 j +0,0042 (LMH=16) +0,25 (LMH=27)
Lebègue, 2008	-SRT=40j; 1.7kgDCO/m^3/j; LMH=30 L.m^{-2}.h^{-1}	+ 0.021-0.077
Zhichao wu et al., 2010	SRT=30j, 1.2kgCOD/m^3/j	0.63
Zhichao Wu et al.,2010	Membrane plane, 0.2µm, 1.2kgCOD/m3/j, SRT=30j, Air flux=480 L/h, 33L/m^2/h,	0.163
Drews et al.,2008	SRT=35j 0.66kgDCO/m3/jour	0.14

Le colmatage rapide après lavage peut correspondre à l'accumulation de composés et la structuration progressive d'un dépôt sur la surface membranaire incluant le bouchage des plus gros pores. La phase quasi-stationnaire peut être due à l'atteinte d'un équilibre entre   cisaillement et dépôt, puis, en fonction de la durée de l'opération, un biofilm se structure en surface de membrane et impose sa propre perméabilité fonction de son développement.

Dans les conditions de travail choisies, le rôle de la charge en azote imposée sur le système et de l'âge des boues n'apparaît pas clairement sur la dynamique de ce processus à l'inverse de ce qui a pu être observé par d'autres auteurs (Zubair et al.,

2007; Grelier et al., 2006). Les valeurs trouvées dans ce travail peuvent être comparées à celles relevées dans d'autres travaux (tableau IV.3, on pourra aussi se référer au tableau I. donné dans le premier chapitre de ce mémoire, étude bibliographique §I.3.4). Il peut être noté dans ces tableaux :

- le rôle de la charge organique appliquée sur le réacteur, si elle est très faible, les valeurs de dR/dt sont proches de celles observées au cours de la phase 2, à faible croissance de colmatage observée dans cette étude après lavage des membranes (<0,01 kPa/j)

- pour des charges conventionnelles sur un bioréacteur à membranes traitant un effluent contenant de la pollution organique, cette vitesse est plutôt de quelques dixièmes de kPa/j, valeurs comparables à l'évolution observée pendant la phase 1 de nos expériences.

- le rôle du débit de perméat apparaît aussi clairement, dès qu'il est supérieur à 25 L.m^{-2}.h^{-1}, la vitesse de colmatage peut dépasser largement le kPa/j.

IV.3.2 Influence des caractéristiques du milieu biologique

Afin d'analyser le rôle des caractéristiques de la suspension biologique filtrée sur la dynamique de colmatage, il a été choisi de représenter successivement la variation de la PTM avec cette grandeur caractéristique de la suspension, fraction particulaire, fraction organique et EPS. La figure IV.3 présente l'évolution des MES et de la PTM au cours du temps. Cette figure montre qu'il est difficile de noter une évolution nette entre teneur en MES et évolution de la PTM. Il n'a par ailleurs jamais été observé de phénomène de clogging au sein du module membranaire, le débit d'air membrane imposé (200 NL/h) a toujours été suffisant pour éviter toute accumulation sensible de MES entre les fibres.

La figure IV.4 donne l'évolution dans le temps de la PTM et des DCO mesurées dans le surnageant (DCOs) et dans le perméat (DCOp).

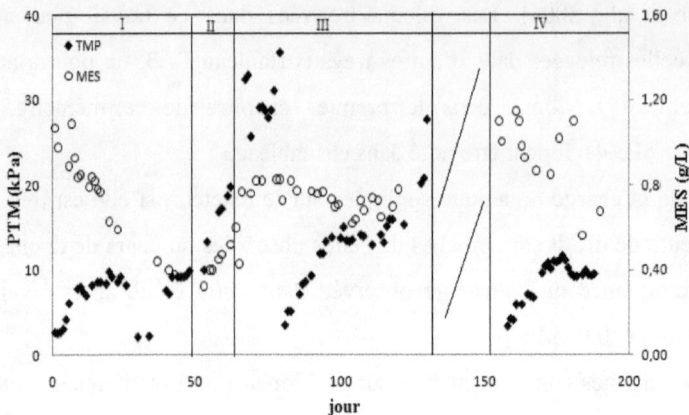

Figure IV.3 Evolution PTM et de MES au cours du temps.

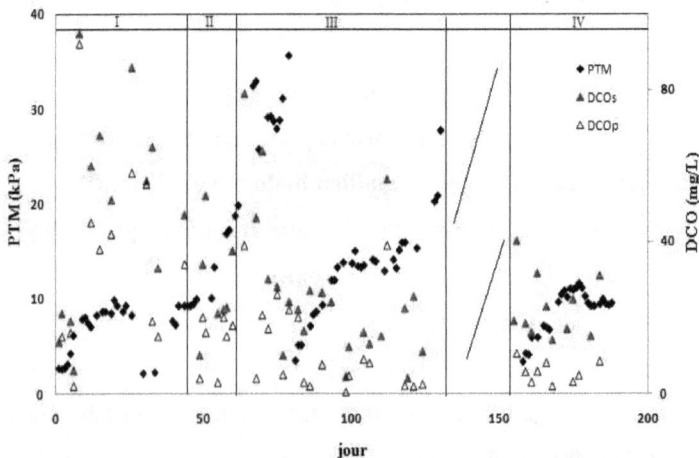

Figure IV.4 Evolution PTM et de DCO (s: surnageant et p : perméat) au cours du temps.

Excepté en début de campagne I où l'on a assisté à une déstructuration des flocs liée à la mortalité importante de la population hétérotrophe présente initialement dans les boues de la station d'épuration, les valeurs de DCO dans le perméat sont restées faibles (inférieures à 20 mg/L campagnes III et IV).

De même, sauf pendant la campagne II, les valeurs de DCOs sont restées modérées. Là encore aucun lien direct n'apparaît entre ces grandeurs et la PTM et son évolution. Prenant en compte le rôle de la membrane ou d'un dépôt, voire biofilm, structuré en surface de membrane comme membrane dynamique, il a aussi été choisi d'analyser l'impact de la différence de DCO soluble entre le surnageant et le perméat sur la vitesse de colmatage. La figure IV.5 représente ainsi les évolutions de TMP et de la différence (DCOs-DCOp). Aucune relation claire n'apparaît non plus.

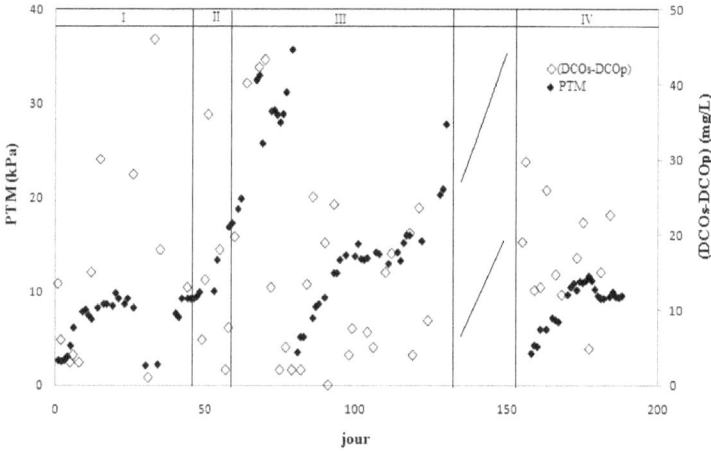

Figure IV.5 Evolution de la PTM et de la différence DCOs -DCOp.

Dans le même esprit, les figures IV.6 et IV.7 représentent respectivement les évolutions de la PTM avec (i) les concentrations en EPS dans le surnageant et le perméat et (ii) de la différence (EPSs – EPSp).

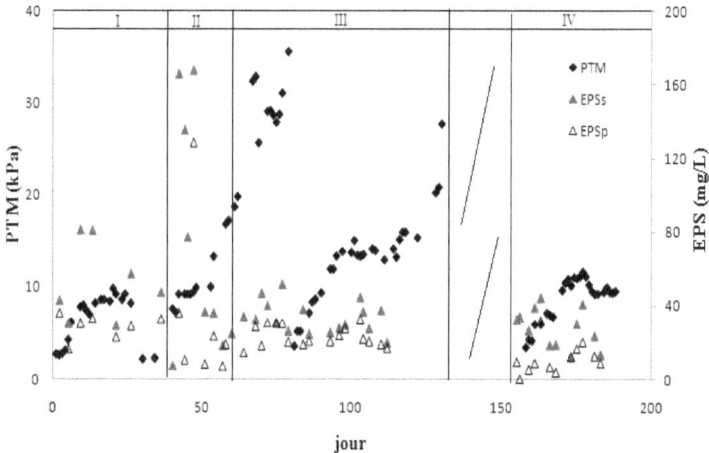

Figure IV.6 Evolution de la PTM et des EPS en fonction du temps.

151

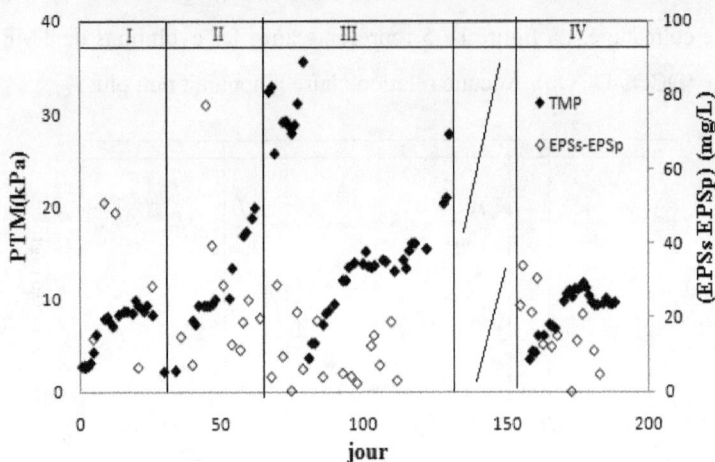

Figure IV.7 Evolution de la PTM et de la différence (EPSs-EPSp) en fonction du temps.

Comme pour la DCO, la concentration en EPS dans le surnageant est toujours supérieure à celle observée dans le perméat, la barrière membranaire a donc un rôle significatif dans la qualité du perméat au regard des fractions solubles. On peut donc concevoir que ces matières solubles agissent sur la dynamique de colmatage.

Aucune relation évidente ne se dégage de ces observations. Il est toutefois notable de retrouver autant de matières organiques solubles dans un réacteur autotrophe, montrant ainsi le rôle déterminant de la libération de métabolites bactériens pendant la lyse cellulaire. Cette production in situ de ces sous-produits liée au métabolisme cellulaire doit sans aucun doute avoir un effet sur la dynamique de colmatage, voire sur l'activité d'un biofilm en surface de membranes (notamment lorsque la durée entre deux régénérations chimiques des membranes dépassent plusieurs semaines). Cet aspect sera présenté dans le dernier paragraphe de ce chapitre.

IV.4 Décantabilité et filtrabilité des boues

Des mesures ponctuelles de décantabilité (tests en éprouvette décrits au §II.3.1) et filtrabilité (cellule de filtration frontale décrite au §II.3.2) des boues ont été faites au cours des différentes campagnes. Les résultats sont regroupés à la figure IV.8 Ils montrent :

152

- Une bonne décantabilité des boues, IM est, sauf point particulier, inférieur à 150 ml/g
- À l'inverse, la filtrabilité est faible, la résistance spécifique α est généralement supérieure à 10^{14} m/kg, il en va de même pour le coefficient αC dont la valeur dépasse 10^{14} m^{-2}. De telles valeurs montrent que la filtration frontale de la suspension biologique serait difficile à réaliser industriellement (sur le plan technico-économique), sauf à la conditionner au préalable par ajouts d'adjuvants spécifiques.

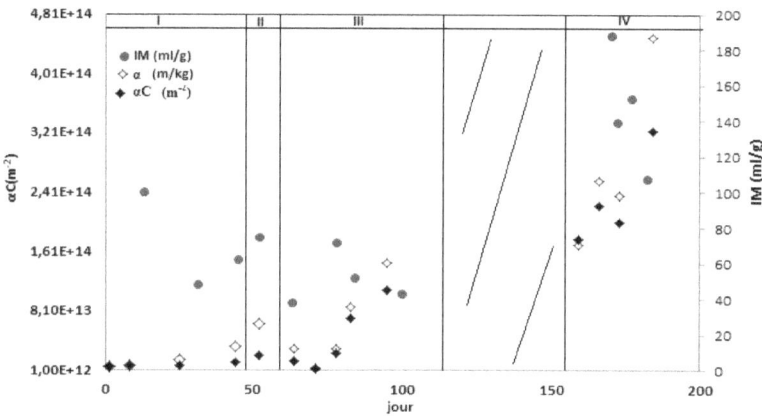

Figure IV.8 Evolution de la résistance spécifique et de l'IM au cours du temps.

IV.5 Identification des processus dominants de colmatage

Une procédure de lavage spécifique des membranes a été mise en place pour identifier, à chaque régénération de membrane, les barrières réduisant le flux de transfert transmembranaire et/ou la résistance hydraulique du milieu filtrant. Cette procédure est décrite au (§II.3.4) dans le chapitre « matériel et méthode ». Elle permet le calcul des trois résistances décrites ci-dessous.

Pour rappel, les barrières au transfert peuvent être décrites simplement comme une addition de résistances en série composées de:

- Une résistance hydraulique due à l'accumulation de composés sur la barrière filtrante que représente la surface membranaire. Il est supposé que cette accumulation est réversible et que la résistance due à cette accumulation est enlevée par un simple lavage à l'eau. Cette fraction de résistance à l'écoulement de l'eau au travers de la membrane sera appelée la résistance due au gâteau de filtration.

- En fonction de la durée de l'expérience entre deux lavages, un biofilm adhérent au matériau membranaire peut se développer. Il est supposé que le simple rinçage sous un filet d'eau ne peut l'enlever mais qu'un essuyage physique permet de l'éliminer. Cette part de résistance sera la part due au biofilm.

- Enfin, une fraction des molécules solubles peut être adsorbée en surface membranaire et dans les pores. Ces processus nécessitent alors une régénération chimique pour être éliminés. Cette dernière barrière de résistance à l'écoulement sera définie comme le résistance irréversible.

Le tableau IV.4 regroupe les parts respectives des résistances présentes sur la membrane avant chaque nettoyage et les conditions associées. La figure IV.9 illustre les niveaux respectifs de chacune d'elles.

Tableau IV.4 Parts respectives des résistances hydrauliques.

Nettoyage	I	II	III	IV
Jour	30	82	126	Fin suivi
Conditions	TSB =20 LMH=10 Cv=0.22 kgN/m^3/jour	Sans extraction, LMH=17 Cv=0.374 kgN/m^3/jour	TSB=40 LMH=17 Cv=0.374 kgN/m^3/jour	TSB=60 LMH=17 Cv=0.374 kgN/m^3/jour
Résistance totale m^{-1} (E+12)	4,85	6,92	5,35	2,7
Rm m^{-1} (E+12)	0,6	0,6	0,6	0,6
% du gâteau de filtration (Rg) dans Rt	31,5	59,3	47,2	47
% du biofilm (Rbio) dans Rt	47,6	19,3	2,71	7,17
% du couche irréversible (Rads) dans Rt	8,45	8,58	38,9	23,6

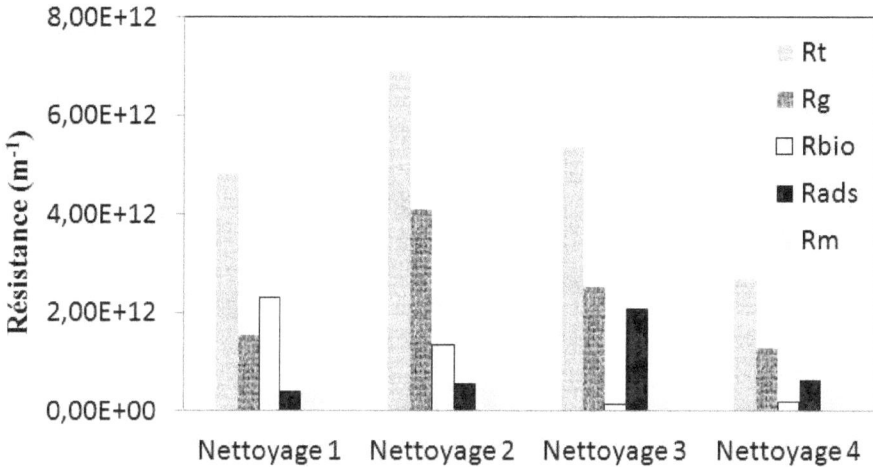

Figure IV.9 Valeurs des résistances hydrauliques de chaque processus de colmatage.

Ces résultats mettent en avant:

- Le rôle dominant de la résistance due à l'accumulation hydrauliquement réversible de matière sur la membrane, quelle que soit la campagne considérée. La part de cette résistance est très importante avant le deuxième lavage car le système avait d'abord subi un doublement du débit de filtration avant de subir une période sans extraction de boues pendant laquelle la teneur en MES dans le système avait augmentée simultanément à l'augmentation des teneurs en matières organiques solubles.

- Le rôle important du biofilm au moment des deux premiers lavages alors qu'il est presque inexistant pour les deux derniers lavages. Le premier lavage a lieu après une durée de fonctionnement de 30j environ, la présence du biofilm peut être lié à la présence initiale importante de culture hétérotrophe dans le milieu. Pour le deuxième lavage, cela peut être attribué à la durée de l'expérience entre les lavages I et II (environ 60 jours) pendant laquelle la charge à traiter a doublé sur le système provoquant sans doute une déstructuration des flocs (avec une DCO soluble importante) et un attachement important de biomasse active en développement sur le support de filtration. Les âges de boues plus élevés imposés dans les campagnes III et IV ont sans doute fortement ralenti l'activité du biofilm et sa dynamique de croissance, réduisant ainsi son influence sur le colmatage.

- La résistance hydraulique liée à l'adsorption reste d'un ordre de grandeur voisin de la résistance membranaire.

Rapporter ces résistances hydrauliques au volume d'eau récupéré par unité de surface filtrante (figure IV.10), nous permettrait de comparer les valeurs trouvées avec:

- celles d'autres travaux, les résistances pourraient ainsi être comparées à production égale (mais très peu de résultats ont été publiés sous cette forme).
- celles du coefficient αC trouvées en filtration frontale (ces deux grandeurs ayant la même dimension, m^{-2}, soit l'inverse d'une perméabilité). La comparaison des valeurs (figure IV.8 et figure IV.9) montre des rapports égaux, voire très supérieurs, à 100, les résistances spécifiques mesurées en mode tangentiel étant très petites devant celles mesurées en mode frontal. .Ce résultat met en avant le rôle du cisaillement pariétal pour la remise en suspension continue de certains composés retenus par la membrane (notamment les plus petits colloïdes) changeant ainsi drastiquement la structure du dépôt qui devient alors beaucoup plus perméable que celui obtenu en filtration frontale. Cette réduction importante de la résistance rend alors possible une filtration continue de la suspension (initialement peu filtrable).

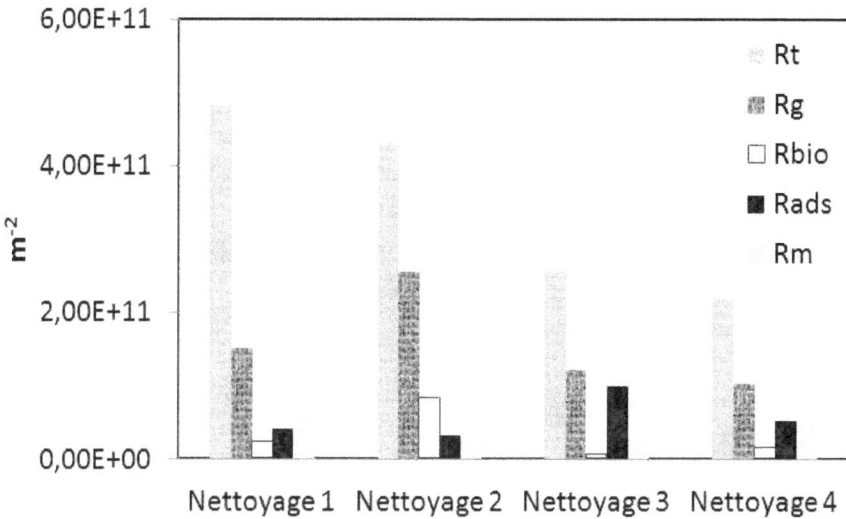

Figure IV.10 Part des différentes résistances rapportées au volume spécifique collecté de suspension avant lavage (volume cumulé de perméat collecté entre deux lavages rapporté à la surface filtrante).

IV.6 Rôle spécifique du biofilm

La résistance due au biofilm représente presque 50% de la résistance totale au moment du premier lavage (campagne I). Il a alors été décidé de caractériser l'activité de ce biofilm pour savoir s'il était constitué seulement d'amas organique inerte (débris cellulaire et EPS) ou s'il avait une activité réelle vis-à-vis de l'épuration et donc une activité propre de croissance indépendante de la filtration mécanique.

Au moment du premier lavage des membranes, le lavage a été d'abord arrêté juste après le rinçage des membranes et celles-ci ont été replacées dans le module membranaire, préalablement isolé du réacteur biologique et lavé de toute présence de biomasse. Le module membranaire a alors été alimenté en boucle fermé (sur un volume de 1L, figure IV.11) avec une eau synthétique contenant le même substrat minéral que l'eau d'entrée dans le réacteur, avec une concentration initiale en azote ammoniacal égale à 200 mgN-NH$_4^+$/l. L'aération membrane a été mise en route pour apporter l'oxygène nécessaire à une activité biologique.

La variation de la concentration en azote ammoniacal a été suivie au cours du temps (Figure IV.12).

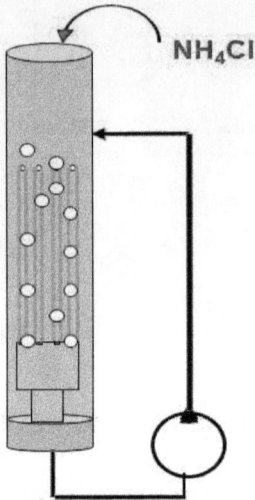

Figure IV.11 Schéma de la membrane

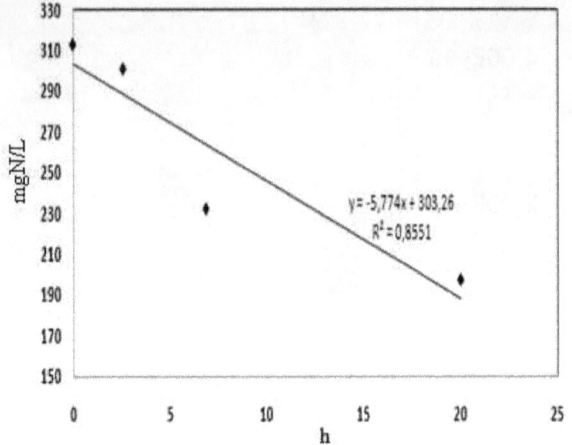

Figure IV.12 Evolution de la concentration en ammonium. au cours du temps

Tableau IV.5 Vitesse de nitrification dans le biofilm

Vitesse	Valeur
rNbiof (mgN/(L.h)	5,8
rN (mgN/gBiofilm/h)	6 à 12
rNréacteur (mgN/gMVS/h)	22

La pente de la droite nous permet d'accéder à une vitesse apparente qui a été successivement (i) rapportée à la masse de biofilm (en poids sec) et (ii) comparée à celle mesurée au sein du bioréacteur pendant la campagne I.

Les valeurs obtenues montrent que le biofilm a une activité épuratrice certaine. La précision sur la mesure de la masse de biofilm a été faible (50%), la valeur indiquée de son activité est donc incertaine. Néanmoins, cette valeur d'activité peut expliquer que le biofilm a pu se structurer et contribuer significativement à la résistance hydraulique globale.

IV.7 Conclusion

CONCLUSION GENERALE

Ce travail a été développé dans le cadre d'un nouveau concept de traitement des eaux usées urbaines impliquant une extraction physicochimique des matières organiques puis une épuration finale des fractions solubles, notamment le carbone organique résiduel et l'azote ammoniacal, par un bioréacteur à membranes, cela afin d'assurer la qualité sanitaire des eaux traitées pour envisager ainsi une réutilisation. Cette voie de traitement implique un fonctionnement particulier du bioréacteur à membranes :

-   Il est majoritairement destiné à l'élimination de l'azote par nitrification où un déséquilibre entre les populations hétérotrophes et autotrophes est attendu. puis dénitrification (avec une limitation possible du substrat organique). Dans notre cas particulier, seule l'étape de nitrification a été étudiée pour quantifier les grandeurs cinétiques déterminantes, notamment la concentration en bactéries autotrophes au regard des espèces hétérotrophes

-   Selon la dynamique des populations autotrophes, l'étape de filtration peut être facilitée par le fait que (i) les concentrations en biomasse dans le bioréacteur peuvent être réduite si les cultures autotrophes sont dominantes et (ii) la production de produits microbiens solubles colmatants peut être réduite au regard de l'activité intrinsèque de cette population autotrophe.

Après une étude bibliographique qui nous a permis de comprendre les processus de base qui sont au cœur de notre travail et les verrous que nous aurions à lever pour répondre aux objectifs fixés, une méthodologie a été définie. Elle repose sur une approche conjointe (i) de développement d'outils de modélisation des processus biologiques (à partir du modèle ASM1) associés à (ii) une approche expérimentale permettant la mesure de grandeurs clés des processus biologiques étudiés. Cette approche expérimentale repose sur le suivi d'un bioréacteur équipé de membranes capillaires immergées fonctionnant dans des conditions biologiques imposées.

L'activité bactérienne a particulièrement été analysée au travers des besoins respirométriques. Les variables opératoires ont été la charge volumique en azote ammoniacal imposée sur le bioréacteur et le temps de rétention de la biomasse. L'alimentation était constituée d'eau du robinet additionnée des sels minéraux nécessaires à l'activité des espèces autotrophes. Le réacteur a fonctionné sans limitation d'oxygène, le pH étant régulé ; l'étape de filtration a été conduite à débit constant avec une mesure en ligne de la pression transmembranaire.

Les résultats obtenus ont été regroupés dans les chapitres III et IV. Le chapitre III, le plus important, est relatif à l'activité biologique des espèces autotrophes au sein du réacteur, le quatrième est axé sur la dynamique de colmatage des membranes immergées dans la suspension du bioréacteur.

Les performances du bioréacteur à membranes ont été suivies au cours de trois campagnes successives pour la partie biologique (quatre pour la partie filtration), seules les campagnes I et III ont permis d'atteindre des régimes supposés permanents. Les principaux résultats obtenus sont :

- En régime permanent, les capacités de nitrification ont été quasi totales pour des charges volumiques de 0,22 et 0,44 kgN.m^{-3}.j^{-1} pour des âges de boues SRT respectifs de 20 et 40 j, campagne I et III. Ces valeurs représentent, pour la flore en place, respectivement 85 et 75% des capacités maximales de nitrification (quantifiées par des expériences spécifiques in situ).

- Ainsi, la campagne II, qui a débuté par un doublement brutal de la charge volumique en azote, a montré une instabilité importante des performances avec nitrification partielle et apparition de nitrites, probablement du fait d'une surcharge évidente au regard des capacités maximales de traitement.

- Dans les conditions de travail imposées, le rendement apparent de bioconversion est apparu très faible, 0,056gDCO/gNoxidé, conforme à un développement de culture autotrophe.

- La présence significative de composés organiques solubles EPS (pourtant totalement absents de l'alimentation) dont l'origine ne peut ainsi être liée qu'au métabolisme bactérien. Le rôle de la barrière membranaire d'ultrafiltration est alors apparue importante non seulement pour séparer la biomasse de l'eau traitée mais aussi pour retenir une fraction importante de ces EPS solubles lorsque leur teneur dans le milieu biologique est apparue élevée, notamment pendant les périodes d'instabilité ou dysfonctionnement du bioréacteur.

A partir de l'outil ASM1, il a été identifié quatre grandeurs de base, caractéristiques des espèces autotrophes, Y_A, μ_{Am}, b_A et K_{NH} dont la quantification était nécessaire pour simuler le fonctionnement du bioréacteur et favoriser le développement simple d'outils de simulation en régime permanent. Il a alors été défini une méthodologie expérimentale originale pour quantifier ces quatre grandeurs. Cette méthodologie repose sur des mesures respirométriques associées à des mesures de vitesses de nitrification réalisées in situ (au sein même du bioréacteur) ou dans des réacteurs batch spécifiques contenant des échantillons de boues prélevées à différents instants du bioréacteur. Par ailleurs, les besoins respirométriques ont été quantifiés (i) en présence et absence (conditions endogènes) de substrat exogène, mais aussi en présence d'inhibiteurs de l'activité autotrophe pour quantifier spécifiquement les activités des populations autotrophes et hétérotrophes. Les résultats obtenus ont conduit à:

- Mesurer une activité effective de populations hétérotrophes qui ne peuvent se développer qu'au dépens des produits de lyse cellulaire (car aucun substrat organique n'est présent dans l'alimentation).
- Déterminer les coefficients cinétiques: Y_A, K_{NH}, b_A et μ_{Am} dont les valeurs ont été trouvées respectivement égales à 0,25 gCOD/gN, 1,6 mgN/L, 0,18 j^{-1} et 0,33 j^{-1}.
- Montrer que le paramètre b_A **influence le plus le comportement global du système.** Obtenir alors des simulations de comportements de notre système en adéquation avec les résultats expérimentaux notamment pour simuler les variations des concentrations en matière en suspensions ou matières volatiles, des formes azotées et la demande en oxygène.

- Différencier et quantifier les activités respectives des espèces autotrophes et hétérotrophes. Cette partie met en avant l'originalité de la démarche et l'importance de la respirométrie réalisée en conditions endogène qui traduit directement l'activité des populations étudiées.

- Introduire alors **des critères cinétiques spécifiques** aux populations autotrophes ainsi que les protocoles associés. Ces ratios (i) **rSNHmax/OUR$_{endaut}$** reflète l'activité nitrifiante relative à la population autotrophe active dans le réacteur (cette grandeur devrait être caractéristique des espèces étudiées, sa valeur moyenne a été mesurée égale à 22,3 mgN/mgO$_2$), (ii) **mgN/mgX$_{BA}$/j** : vitesse de nitrification rapportée à la concentration en biomasse nitrifiante traduit le potentiel de nitrification intrinsèque des espèces considérées, ce rapport a été évalué à 1.21 mgN/mgX$_{BA}$/j.

Enfin, le suivi de l'étape de séparation dans le quatrième chapitre a mis en évidence les points suivants:

- La présence de deux phases d'évolution de la PTM, une phase rapide (0,1 à 0,3 kPa/j) suivant la remise en route après un lavage, cette vitesse d'évolution est comparable à celle observée dans des BRM classiques. Cette première phase est suivie d'une phase d'évolution plus lente (< 0,1kPa/j), comparable à celle observée sur des BRM fonctionnant sous faible charge organique ou un âge de boues élevé (> 40j).

- La comparaison entre les résistances spécifiques (rapportée au volume filtré et à la surface) et les résistances obtenues par des essais de filtration frontale montre des filtrabilités très différentes entre les deux, ce qui confirme que les essais réalisés en mode frontal ne peuvent être extrapolés sur des essais tangentiels.

- L'analyse des processus à l'origine du colmatage membranaire montre une contribution de la résistance due à un biofilm qui se développe sur la surface de la membrane peut être significative par rapport aux autres processus

164

(notamment les phénomènes d'adsorption ou bouchage de pores). Des essais de mesure d'activité épurative spécifique du biofilm ont pu être réalisés, ils montrent une capacité d'épuration certaine qui pourrait expliquer son développement propre engendrant une barrière hydraulique indépendantes des conditions de filtration.

Ce travail a donc permis de définir une méthodologie originale qui a conduit à différencier les activités des espèces autotrophes de celles des espèces hétérotrophes. Cette méthodologie doit maintenant être complétée sur deux points:

- Différencier les espèces autotrophes entre elles (notamment les activités propres de nitrosomonas de nitrobacter) mais aussi permettre d'expliciter les autres voies conduisant à des produits intermédiaires d'oxydation de l'azote.
- Appliquer cette approche à des systèmes intégrant l'étape de dénitrification.
- Mieux identifier et modéliser la production des EPS et les lier à la génération du biofilm et/ou à la dynamique de colmatage des membranes de séparation.

Références Bibliographiques

Anthonisen, A.C., Loehr, R.C., Prakasam, T.B.S., Srinath, E.G. Inhibition of nitrification by ammonia and nitrous acid. Journal of the Water Pollution Control Federation. 1976, 48, 835-852.

Abeling, U., Seyfried, C.F. Biologische Stickstoffelimination aus hochkonzentrierten Abwässern, GVC-Kongreß, 19.-21. October, Würzburg. 1992, 279–296.

American Public Health Association, Standard Methods for examination of water and wastewater" (19 th ed), Washington DC, 1995.

Bae, T., Tak, T.M. Interpretation of fouling characteristics of ultrafiltration membranes during the filtration of membrane bioreactor mixed liquor. Journal of membrane science. 2005, 264, 151-160.

Bock, E., Koops, H.P., Harms, HP. Netrifying bacteria in :Autotrophic bacteria Shlegel HG et Bowien B. 1989, 81-96.

Bock, E., Koops, H.P., Harms, H.P. Cell biology in nitrifying bacteria. In Nitrification. 1986, 17-83.

Balmelle, B., Nguyen, K.M., Capde-Ville, B., Cornier, J.C., Degun, A. Study of factors controlling nitrite build-up in biological processes for water nitratification. -Water.Sci.Techno. 1992, 26, 1017-1025.

Bougard, D. Traitement biologique d'effluents azotes avec arret de la nitrification au stade nitrite. Thèse de doctorat, l'école nationale supérieure agronomique de Montpellier, 2004.

Bouhabila, E. H., Ben Aim, R., Buisson, H. Fouling characterization in membrane bioreactors. Separation and Purification Technology. 2001, 22-23.

Barañao, P. A., Hall, E. R. Modelling carbon oxidation in pulp mill activated sludge systems: Calibration of Activated Sludge Model No 3. Water Science and Technology, 2004, 50, 1-10.

Berthe, T., Garnier, J., Petit, F. Quantification de bactéries nitrifiantes du genre Nitrobacter en milieu aquatique (l'estuaire de la Seine, France). C.R. Acad. Sci. 1999, 322, 517-526.

Chandran, K. Biokinetic charcterization of Ammonium and nitrirte oxidation by mixed   nitrifying culture using extant respirometry . A Dissertation Submitted in

Partial Fulfillment of the Requirements for the Degree of Doctor of Philosophy, University of Connecticut 1999.

Choubert, J.M., Vigne, E. V, Canler, J.P., Héduit , A., Lessard, P. Toward an operational dynamic model for tertiary nitrification by submerged biofiltration. Water Science & Technology. 2007, 55, 301–308.

Chot, J. K., Song, Ahn, K. The activated sludge and microbial substances influences on membrane fouling in submerged membrane bioreactor : unstirred batch cell test. Desalination. 2005, 425-429.

Chot, J., Song, K., Ahn, K., The activated sludge and microbial substances influences on membrane fouling in submerged membrane bioreactor: unstirred batch cell test. Desalination. 2005, 425-429.

Chandran, K., Smets, B.F. Estimating biomass yield coefficients for autotrophic ammonia and nitrite oxidation from batch respirograms. Water Res. 2001, 35, 3153–3156.

Chandran, K., and Smets, B. F. Single-step nitrification models erroneously describe batch ammonia oxidation profiles when nitrite oxidation becomes rate limiting. Biotechnology and Bioengineering. 2000, 68, 396-406.

Ceçen, F. Investigation of partial and full nitrification characteristics of fertilizer wastewaters in a submerged biofilm reactor. Water Science and Technology. 1996, 34, 77-85.

Cech, J.S., Chudoba, J., Grau, P. Determination of kinetics constants of activated sludge microorgansims. Water Science Technilogy, 1984, 17, 259-272.

Choubert, J.M. Analyse et optimisation du traitement de l'azote par les boues activées à basse température. Thèse de doctorat de l'Université Louis Pasteur-Strasbourg I Septembre 2002.

Choubert, J.M., Racaul ,Y., Grasmick, A., Beck ,C., Heduit, A. Nitrogen removal from urban wastewater by activated sludge process operated over the conventional carbon loading rate limit at low temperature. Water SA. 2005, 4.

Campos, J.L., Garrido-Fernández, J.M., Méndez, R., Lema, J.M. Nitrification at high ammonia loading rates in an activated sludge unit. Bioresource Technology. 1999, 68, 141–148.

Chang, I.S., Lee, C.H. Membrane filtration characteristics in membrane-coupled activated sludge system — the effect of physiological states of activated sludge on membrane fouling. Desalination. 1998, 120, 221–233.

Deronzier, G., Schétrite, S., Racault, Y., Canler, J.P., Liénard, A., Héduit, A., Duchène, P. Traitement de l'azote dans les stations d'épuration biologique des petites collectivités, FNDAE n° 25 Document technique, Cemagref , 2001.

Dold, P.L., Marais, G.v.R. Evaluation of the general activated sludge model proposed by the IWAPRC Task group. Wat.Sci.Tech. 1986, 18, 63-89.

Delrue, F. Modélisation du procédé bioreacteur à membrane immergées: calage et validation du modèle ASM1 sur un site réel-étude des interactions boues activées, conditions opératoires et membrane. Thèse de doctorat, Université de Bordaux, 2008, 204.

Dytczak, M.A., Oleszkiewicz, J.A. Performance change during long-term ozonation aimed at augmenting denitrification and decreasing waste activated sludge. Chemosphere. 2008, 73, 1529–1532.

Derlon, N., Massé, A., Escudié, R., Bernet, N., Paul, E. Stratification in the cohesion of biofilms grown under various environmental conditions. Water Research, 2008, 42, 2102–2110.

Damayanti, A., Ujang, Z., Salim, M.R., Olsson, G., Sulaimanc, A.Z. Respirometric analysis of activated sludge models from palm oil mill effluent, Bioresource Technology. 2010, 101, 144–149.

Drews, A., Vocks, M., Bracklow, U., Iversen, V., Kraume, M. Does fouling in MBRs depend on SMP?. Desalination. 2008, 231, 141–149.

Dincer, A. R, Kargi, F. Effects of operating parameters on performances of nitrification and denitrification processes. Bioprocess Engineering. 2000, 23, ,75–80.

Eckenfelder, W.W., Weston, R.F. Kinetic of biological oxidation. Biological of Sewage and Industrial Wastes. 1956.

Espinase, M.C., Spérandio, M. Modelling an aerobic submerged membrane bioreactor with ASM models on a large range of sludge retention time. Desa lination. 2008, 231, 82–90.

Eckenfelder, Jr.. Point toxics control for industrial wastewaters. Civil Engng Prac 1988, 3, 98–112.

Ekama , G., Siebritz, A .Considerations in the Process Design of Nutrient Removal Activated Sludge Processes.Water Sci. Technol. 1983, 15, 283-318.

Espinosa, M. B. Contribution à l'étude d'un Bioréacteur à Membranes Immergées: Impact de la configuration du module et des conditions d'aération sur le colmatage particulaire et modélisation de l'activité biologique. Thèse de doctorat, l'INSA Toulouse, 2005,173.

Foladori, P., Bruni, L., Andreottola, G., Ziglio, G. Effects of sonication on bacteria viability in wastewater treatment plants evaluated by flow cytometry Fecal indicators, wastewater and activated sludge. Water Res. 2007, 41, 235-243.

Field , R.W., Wu, D. , Howell, J.A., Gupta, B.B. Critical flux concept for microfiltration fouling. Journal of Membrane Science. 1995, 100, 259–272.

Frolund, B., Griebe, T., Nielsen, P.H. Enzymatic activity in the activated sludge floc matrix. Aplpied Microbiology and Biotechnology. 1995, 43, 755-761.

Gougoussis, C. Assainissement individuel et aptitude des sols à l'élimination et à l'épuration des effluents domestiques, thèse de doctorat, Institut National Polytechnique de Lorraine, 1982.

Gupta, A.B., Gupta, S.K. Simultaneous carbon and nitrogen removal from high strength domestic wastewater in an aerobic RBC biofilm. Water Research. 2001, 1714–1722.

Gujer, W., Henze, M. T., Mino, T., Matsuo, M.C., Wentzel, G.v.R. The Activated Sludge Model No. 2:Biological phosphorus removal. Water science and technology. 1995, 1-11.

Grelier P., Rosenberger, S., Tazi-Pain, S. A. Influence of sludge retention time on membrane bioreactor hydraulic performance. Desalination. 2006, 192, 10–17.

Gilbride, A D., Frigon, A., Cesnik, J., Gawat, R. Effect of chemical and physical parameters on a pulp mill biotreatment bacterial community. Water Research. 2006, 40, 775–787.

Grelier, P., Rosenberger, S., Tazi-Paina, A. Influence of sludge retention time on membrane bioreactor hydraulic performance. Desalination. 2006, 192, 10–17.

Ghyoot, W., Vandaele, S., Verstraete, W. Nitrogen removal from sludge reject water with a membrane-assisted bioreactor. Water Research.. 1999, 33, 23–32.

GASMI, A., HERAN, M., HANNACHI, A., GRASMICK, A. Développement de biofilm dans les bioréacteurs à membrane : le résultat de l'activité du réacteur, 5émes journées thématiques des réseaux de biofilm RNB'12, 36, 2012, Narbonne, France.

Gujer W., Henze M., Mino T. and van Loosdrecht MActivated Sludge Model No 3. Water. Sci. Technol. 1999, 39,183–193.

Gernaey, K., Vanrolleghem, P., Verstraete , W. On-line estimation of Nitrosomonas kinetic parameters in activated sludge samples using titration in-sensor-experiments. Water Res. 1998, 32, 71-80.

Henze, M., Grady, Jr., Gujer, G. v. R., Matsuo, T. Activated sludge model no. 1. Scientific and Technical Report No. 1, 1987, IAWPRC, London.

Henze, M., Gujer, W., Mino, T., van Loosdrecht, M. Activated sludge models ASM1, ASM2, ASM2D and ASM3. IWA Scientific and Technical Report No.9. IWA Publishing, London, UK. 2000.

Heran, M., Supaluk, S., Sridang, P., Grasmick, A. Membrane Fouling in MBR : toward a normalization of operating parameters. MBR ASIA. Bangkok, Thailand. 2010.

Hocaoglu, S. M., Insel, G., Ubay Cokgor, E., Orhon, D. Effect of sludge age on simultaneous nitrification and denitrification in membrane bioreactor. Bioresource Technology. 2011, 102, 6665–6672.

Henze, M. Characterization of wastewater for modeling of activated sludge processes. Wat. Sci. Tech., 1992, 25, 1-15.

Henze, M., Grady, J. C., Gujer, W., Marais, G., Matsuo, T. A general model for single-sludge, wastewater treatment systems. Wat. Res. 1987, 21, 505-515.

Henze, M., Gujer, W., Mino, T., Matsuo, T., Wentzel, M. C., Marais, G. Activated sludge model No. 2. IAWQ Scientific and Technical Report No. 3, 1995, London: IAWQ.

Huang, Z., Asvapathanagul, P., Olson, B. Influence of physicochemical and operational parameters on Nitrobacter and Nitrospira communities in an aerobic activated sludge bioreactor. Water Research. 2010, 44, 4351–4358.

Judd, S. A review of fouling of membrane bioreactors in sewage treatment. Water Science and Technology. 2004, 49, 229-235.

Jiang T., Kennedy M.D.,Vander Meer, W.G.J.,Vanroleghem, P.A., Schippers, J.C. The role of Blocking and cake filtration in MBR fouling. Desalination. 2003, 157, 335-343.

Jiang, T., Kennedy, M. D., Guinzbourg, B. F., Vanrolleghem, P. A., Schippers, J. C. Optimising the operation of a MBR pilot plant by quantitative analysis of the membrane fouling mechanism. Water Science & Technology. 2005, 51, 19-25.

Jimeneza, J., Greliera, P., Meinholdb, J., Tazi-Paina, A. Biological modelling of MBR and impact of primary sedimentation. Desalination. 2010, 15, 562–567.

Jiang , T., Maria, D. K., ChangKyoo, Y., Ingmar, N., van der Meer, W., Futselaar, H., Schippers, J. C., Vanrolleghema, P. Controlling submicron particle deposition in a side-stream membrane bioreactor: A theoretical hydrodynamic modelling approach incorporating energy consumption. Journal of Membrane Science. 2007, 297,, 141–151.

Jiménez,-M, R., Verdegem, M., van Dam, A., Verreth, J. Conceptualization and validation of a dynamic model for the simulation of nitrogen transformations and fluxes in fish ponds. Ecological Modelling. 2002, 147, 123–152.

Jiménez, B., Calderón, K., González-Martínez, A., Montero-Puente, C., Reboleiro-Rivas, P., José, M., Poyatos, M.T., Rodelas, B. Bacterial community structure and enzyme activities in a membrane bioreactor (MBR) using pure oxygen as an aeration source. Bioresource Technology. 2012, 103, 87–94.

Joux, F., Lebaron, P. Applications en écologie bactérienne des sondes oligonucléoidiques fluorescentes par les techniques 'hybridation et de cytométrie.Oceanis. 1995, 21, 125-138.

Jill, R., Pan, Yu.C. S., Huang, C., Lee, H. C. Effect of sludge characteristics on membrane fouling in membrane bioreactors. Journal of Membrane Science. 2010, 349, 287–294.

Knowles, G., Downing, AL., Barrett, M.J. Determination of kinetic constants for nitrifying bacteria in mixed culture, with the aid of an electronic computer. Journal of General Microbiology. 1985, 38, 263-278.

Konuma, S., Satoh , H. , Mino, T., Matsuoa, T. Applicability of fish, dot blot hybridization, antibody immobilized latex coagulation, and mpn techniques as enumeration methods for ammonia- oxidizing bacteria in various water environments. Advances in Water and Wastewater Treatment Technology Molecular Technology, Nutrient Removal, Sludge Reduction and Environmental Health. 2001, 175–184.

Khor , S.L., Sun, Da., James, Y., Liu, O. Leckie. Biofouling development and rejection enhancement in long SRT MF membrane bioreactor. Process Biochemistry. 2007, 1641–1648

Louvet, J.N., Giammarino, C., Potier, O., Pons, M.N., Adverse effects of erythromycin on the structure and chemistry of activated sludge. Environmental Pollution. 2010, 158, 688–693.

Lubello, C., Caffaz, S., Gori, R., Munz, G. A modified Activated Sludge Model to estimate solids production at low and high solids retention time. Water Res. 2009, 43, 4539–4548.

Larrea, L., Larrea, A., Ayesa, E., Rodrigo, J.C., Lopez Carrasco, M.D., Cortacans, J.A. Development and verification of design and operation criteria for the step feed process with nitrogen removal. Water Science and Technology. 2001, 43, 261-268.

Li, H., Yang, M., Zhang, Y., Yu , T., Kamagata , Y. Nitrification performance and microbial community dynamics in a submerged membrane bioreactor with complete sludge retention. J. Biotechnol., 2006, 123, 60-70.

Lebegue, J. Aeration and dynamics of fouling in submerged membrane bioreactor". Thèse de doctorat Energy -process engineering, Université de Montpellier, 2008,152.

Lee, Y., Mark, Clark , M. Modeling of flux decline during cross flow ultrafiltration of colloidal suspensions. Journal of Membrane Science. 1998, 149, 181–202.

Lee,W., Kang,S., Shin, H. Sludge characteristics and their contribution to microfiltration in submerged membrane bioreactors. Journal of membrane Science. 2003, 216, 217-227.

Lobos, B. Dynamique de population épuratives en réacteurs fermé et en bioréacteur à membrane continu et séquencé :Influence du critère "substrat/Biomasse", thèse de doctorat, Université Montpellier 2, 2006.

Lebegue, J., Heran , M. , Grasmick , A. Membrane bioreactor: Distribution of critical flux throughout an immersed HF bundle. Desalination, 231, 2008, 245–252.

Lebegue, J., Heran, M., Grasmick , A. Membrane air flow rates and HF sludging phenomenon in SMBR. Desalination. 2009, 236, 135–142.

Lee, W., Kang, S., Shin, H. Sludge characteristics and their contribution to microfiltration in submerged membrane bioreactors. Journal of membrane Science. 2003, 216, 217-227.

Laspidou, C. S., Rittmann, B. E. Non steady-state modeling of extracellular polymeric substances, soluble microbial products, and active and inert biomass. Water Res. 2002, 36, 1983–1992.

Liu, S., Xu, Y., Bing, W., Wei, W. Modeling of Membrane Fouling Based on Extracellular Polymers in Submerged MBR. Procedia Engineering. 15, 2011, 5478–5482.

Marquot, A. Modélisation du traitement de l'azote par boues activées en sites réels : calage et évaluation du modèle ASM1, thèse de doctorat, Cemagref de Bordeaux, 2006.

Mørkveda, P.T., Dörsch, P., Bakken, L. R.The N2O product ratio of nitrification and its dependence on long-term changes in soil pH Soil Biology and Biochemistry. 39, 2007, 2048–2057.

Murat, H.S., Insel, G., Ubay Cokgor, E., Orhon, D. Effect of sludge age on simultaneous nitrification and denitrification in membrane bioreactor. Bioresource Technology. 2011, 102, 6665-6672

Massé, A. Bioreactor with submerged membranes for the treatment of wastewater : Physicochemical specificities and fouling characterization of the biological environment", Thesis, environment process engineering, 2004.

Mikkelsen, L.H., Keiding, K. Physico-chemical characteristics of full scale sewage sludges with implications to dewatering. Water research. 2002, 36, 2451-2462.

Munz, G., Gori, R., Cammilli, L., Lubello, C. Characterization of tannery wastewater and biomass in a membrane bioreactor using respirometric analysis. Bioresource Technology . 2008, 18 , 8612–8618.

Munz, G., Gori , Riccardo., Morib, G., Lubelloa, C. Monitoring biological sulphide oxidation processes using combined respirometric and titrimetric techniques. Chemosphere, 76, 2009, 644–650.

Manser, R., Gujer , W. , Siegrist , H. Consequences of mass transfer effects on the kinetics of nitrifiers. Water Research. 39, 2005, 4633–4642.

Massé, A. , Spérandio, M. , Cabassud, C., Comparison of sludge characteristics and performance of a submerged membrane bioreactor and an activated sludge process at high solids retention time. Water Research, 40, 2006,2405–2415.

Mukai, T., Takimoto, K., T Kohno, M Okada1, Ultrafiltration behaviour of extracellular and metabolic products in activated sludge system with UF separation process. Water Research. 2000, 34, 902–908.

Meng,F., Yang, Fen. Fouling mechanisms of deflocculated sludge, normal sludge, and bulking sludge in membrane bioreactor. Journal of Membrane Science. 2007, 305, 48–56.

Martin G. Le problème de l'azote dans les eaux. 1979, Ed. Tech & Doc, Lavoisier - Paris, France.

Ognier S., Wisniewski C. and Grasmick A. Membrane bioreactor fouling in sub-critical filtration conditions: a local critical flux concept. Journal of Membrane Science. 2004, 229, 171-177.

Ognier, S., Wisniewsk, C., Grasmick, A. Characterisation and modelling of fouling in membrane bioreactors. Desalination. 2002, 146, 141–147.

Orantes, J., Heran, M., Wisniewski, C., Grasmick, A. Measurement of kinetic parameters in a submerged aerobic membrane bioreactor fed on acetate and operated without biomass discharge. Biochemical Engineering Journal. 2008, 38, 70–77.

Orhon, D., Okutman, D. Respirometric assessment of residual organic matter for domestic sewage. Enzyme and Microbial Technology. 2003, 32, 560–566.

Orantes, J. Cinétiques réactionnelles et performances de filtration en bioréacteur à membranes immergée,thèse de doctorat, Université Montpellier 2, 2005.

Pellegrin, M.L., Wisniewsk, C., Grasmick, A., Tazi-pain, A., Buissona, Hervé. Respirometric needs of heterotrophic populations developed in an immersed membrane bioreactor working in sequenced aeration. Biochemical Engineering Journal. 2002, 11, 2–12.

Plisson-Saune, S., Capdeville, B., Mauret, M., Deguin, A,. Baptiste, P. Real-time control of nitrogen removal using three ORP bendingpoints: signification, control strategy and results.Water Sci. Technol. 1996, 33.

Rosenberger, S., Laabs, C., Lesjean, B., Gnirss, R., Amy, G., Jekel, M., Schrotter, J. C. Impact of colloidal and soluble organic material on membrane performance in membrane bioreactors for municipal wastewater treatment. Water Research. 2006, 40, 710-720.

Rodriguez, R., Monclús, H., Ferrero, G., Buttiglieri, G., Comas, J. Online monitoring of membrane fouling in submerged MBRs. Desalination. 2011, 277, 414–419.

Rojas, H., Van Kaam, R., Schetrite, S., Albasi, C. Role and variations of supernatant compounds in submerged membrane bioreactor fouling. Desalination. 2005, 179, 95–107.

Reid, E., Liu, X., Judda, S.J. Sludge characteristics and membrane fouling in full-scale submerged membrane bioreactors. Desalination. 2008, 219, 240–249.

Spangers,H., Vanrolleghem, P.A., Olsson, G., Dold, P., Respirometry in control of the Activated sludge process : principles, IAWQ Scientific and technical report N°7, London UK ,1998, 1-12.

Stricker, A.E. Application de la modélisation à l'étude du traitement de l'azote par boues activées en aération prolongée: cpmparaison des performances en temps sec et en temps de pluie, Universtié Stasbourg, 1, 2000.

Sumer, E., Weiske, A., Benckiser, G., Ottow, J.C.G. Influence of environmental conditions on the amount of N20 released from activated sludge in a domestic waste water treatment plant. Experientia , 51, 1995, 419-422.

Stˇuven, R., Vollmer, M., Bock, E. The impact of organic matter on nitric oxide formation by Nitrosomonas europaea. Arch Microbiol, 158, 1992, 439–443.

Spérandio, M., Espinosa, M.C. Modelling an aerobic submerged membrane bioreactor with ASM models on a large range of sludge retention time. Desalination . 2008, 231, 82–90.

Spanjers, H., Vanrolleghem, P.A., Respirometry as a tool for rapid characterization of wastewater and activated sludge. Water Sci. Technol. 1995, 31, 105-114.

Spérandio, M., Paul, E. Estimation of wastewater biodegradable COD fractions by combining respirometric experiments in various So/Xo ratios. Water Research. 2008, 34, 1233-1246.

Sadowski A.G. Traitement des eaux usées urbaines, Cours ENGEES, 2002, 429-524.

Spérandio, M., Etienne, P. Estimation of wastewater biodegradable COD fractions by combining respirometric experiments in various So/Xo ratios. Water Research. 2000, 34, 1, 233–1246.

Stankiewicz, J., Tami, T. Transantral, endoscopically guided balloon dilatation of the ostiomeatal complex for chronic rhinosinusitis under local anesthesia'. Am. J Rhinol Allergy. 2009, 23, 17-32.

Sarioglu, M., Insel, G., Artan, N. , D. Orhon, Model evaluation of simultaneous nitrification and denitrification in a membrane bioreactor operated without an anoxic reactor. Journal of Membrane Science. 2009, 337, 17–27.

Sun, D. D., Ming, W. Characterization and reduction of membrane fouling during nanofiltration of semiconductor indium phosphide (InP) wastewater. Journal of Membrane Science. 2005, 259, 135–144.

Seung, H.B., Krishna, P. Microbial community structures in conventional activated sludge system and membrane bioreactor (MBR). Biotechnology and Bioprocess Engineering. 2009, 14, 848-853.

Trapani, D., Capodici, Marco., Cosenza, A. G., Mannina, G., Torregrossa, M., Viviani, G. Evaluation of biomass activity and wastewater characterization in a UCT-MBR pilot plant by means of respirometric techniques. Desalination. 2011, 269, 190–197.

Trussell, R.S., Merlo, R.P., Hermanowicz, S.W., Jenkins, D. The effect of organic loading on process performance and membrane fouling in a submerged membrane bioreactor treating municipal wastewater. Water Res. 2006, 40, 2675–2683.

Trussell, R. S., Merlo, R. P., Hermanowicz, S. W., Jenkins, D. The effect of organic loading on process performance and membrane fouling in a submerged membrane bioreactor treating municipal wastewater. Water Research. 2006, 40, 2675-2683.

Turk, O., Mavinic, DS.. Maintaining nitrite buildup in a system acclimated to free ammonia. Water Res. 1989, 23, 1383 –1388.

Turk, O., Mavinic, D.S. Preliminary assessment of a shortcut in nitrogen removal from wastewater. Can J Biochem. 1986, 13, 600-605.

Ubayçokgore, E., Sozens,S., Orhon, D., Henze, M. Respirometric analysis of activated sludge behaviour II – Heterotrophic growth under aerobic and anoxic conditions. Wat. Res. 1998, 32, 461-475.

Vanrolleghem, P.A, Spangers, H., Petersen, B., Ginestet, P., Tackas, I. Estimating (combinations of) Activated sludge and components by respirometry. Wat.Sci.Tech. 1999, 39, 195-214.

Vanrolleghem, P.A., Schilling, W., Rauch, W., Krebs, P., Aalderink, H. Setting up measuring campaigns for integrated wastewater modelling. Wat. Sci. Tech. 1999, 39, 257–268.

Van Wambeke, F. Numération et taille des bactéries planctoniques au moyen de l'analyse d'images couplée à l'épifluorescence. Océanis. 1995, 21, 113–124.

Van den Broeck, R. , Van Dierdonck, J., Nijskens, P. , Dotremont , C. , Krzeminski P. The influence of solids retention time on activated sludge bioflocculation and membrane fouling in a membrane bioreactor (MBR). Journal of Membrane Science. 2012, 401, 48–55.

Wyffels, S., Van Hulle, S., Boeckx, P., Volcke, E. O., Van Cleemput, P., Vanrolleghem, W. V. Modelling and simulation of oxygen-limited partial nitritation in a membrane assisted bioreactor (MBR). Biotechnol. Bioeng. 86, 2003, 531–542.

Wisniewski, C., Grasmick, A. Floc size distribution in a membrane bioreactor and consequences for membrane fouling. Colloids and surfaces. 1998, 138, 403-411.

Winogradsky, S. Recherches sur les organismes de la nitrification. Ann. Inst. Pasteur. 1890, 213-331.

Wang, Z., Wu, Z., Yu, G., Liu, J., Zhou, Z. Relationship between sludge characteristics and membrane flux determination in submerged membrane bioreactors. Journal of Membrane Science. 2006, 284, 87–94.

Weijers, S., and Vanrolleghem, P. A. A procedure for selecting the most important parameters in calibrating the activated sludge model no.1 with full-scale plant data. 1997, Wat. Sci. Tech. 36, 69-79.

Wouter, G., Vandael, S., Vers traete, W. Nitrogen removal from sludge reject water with a membrane-assisted bioreactor. Water Research. 1999, 33, 23–32

Wong-Chong, G.M., Loehr, R.C. Kinetics of microbial nitrification– Nitrite-nitrogen oxidation. Water Res. 1978, 12, 605–609.

Ye , F., Ye, Y., Lia, Y. Effect of C/N ratio on extracellular polymeric substances (EPS) and physicochemical properties of activated sludge flocs. Journal of Hazardous Materials. 2011, 188, 37–43.

Zhiwei ,W., Zhichao, W., Guoping, Y., Jiangfeng, L., Zhen, Z. Relationship between sludge characteristics and membrane flux determination in submerged membrane bioreactors. Journal of Membrane Science. 2006, 284, 87–94.

Zubair, A., Jinwoo, C., Byung-Ran L., Kyung-Guen, S., Kyu-Hong, A. Effects of sludge retention time on membrane fouling and microbial community structure in a membrane bioreactor. J.Mem.Sc. 2007, 287, 211–218.

Zhang, H., Fangang, M., Fenglin, Y., Shoutong Z., Yansong, L., Xingwen, Z. Identification of activated sludge properties affecting membrane fouling in submerged membrane bioreactors. Separation and Purification Technology. 2006, 51, 95–103.

Zhichao, W., Shujuan, T., Zhiwei, W., Qi, Z. Role of dissolved organic matters (DOM) in membrane fouling of membrane bioreactors for municipal wastewater treatment. Journal of Hazardous Materials. 2010, 178, 377–384.

Zachar, V., Thomas, R.A., Goustin A.S. Absolute quantification of target DNA: a simple competitive PCR for efficient analysis of multiple samples. Nucleic Acids Res. 1993, 21, 2017-2018.

ANNEXES

Annexe A

Test d'interférence de Polysaccharide avec le nitrate

Le tableau A.1 présente le pourcentage de déviation entre la courbe d'étalonnage avec le glucose seul et le glucose avec deux sels de nitrate : (kNO_3) et ($NaNO_3$) avec des concentrations de 35, 60 et 100 mgN/L. Le tableau montre qu'à une concentration de nitrate inférieur à 35 mgN/L, l'interférence est faible.

Tableau A.1 Test d'interférence entre les ions Nitrate et le polysaccharide

Courbe d'étalonnage avec glucose	Équation de courbe					
	Abs=0.0113.[pol]*					
Concentration	35 mg N.L^{-1}		60 mg N.L^{-1}		100 mg N.L^{-1}	
	Équation	Déviation (%)	Équation	Déviation (%)	Équation	Déviation (%)
Courbe d'étalonnage avec Glucose+kNO_3	0,0115.Pol	1,7	0,0135.Pol	16,29	0,0145.Pol	22,06
Courbe d'étalonnage avec Glucose+$NaNO_3$	0,0118.Pol	4,2	0,0138.Pol	18,11	0,0148.Pol	23,64

Annexe B

Macro-injection pour la deuxième période

Durant la campagne III, des macro-injections sont effectués en réacteur batch. La courbe B.1 représente l'allure des courbes obtenues suite à l'injection de 25, 60 et 100 mgN/L.

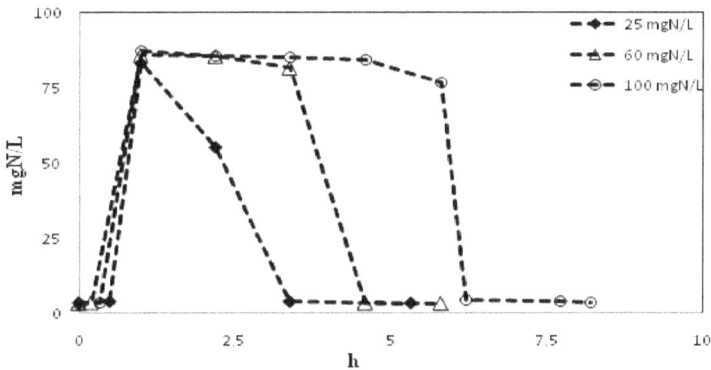

Figure B.1 Réponses obtenues suite aux injections des différentes concentrations en Ammonium.

Des autres injections sont faites durant la campagne III et les valeurs de OURex relatif à chaque injection est récapitulés dans le tableau B.1.

Tableau B.1 Valeurs d'OURex obtenues relatives à différentes injections

Dose (mgN/L)	OURex (mgO$_2$/L/h)
5	67,75
8	74,33
10	76,83

Annexe C

Les équations des hétérotrophes

Vu la présence de X_{BH} qui croit sur le débris de la lyse des autotrophes, les expressions relatives à cette population sont données dans le tableau C.1.

L'équation B.1 permet de calculer X_{BH} en régime permanent durant les campagnes I et III.

La quantité de carbone libérée en régime permanent après la lyse des bactéries autotrophes correspond à $(1-fp)b_A X_{BA}$ (on considère que le X_{BH} croit sur le débris carboné de X_{BA}), cette quantité va servir de retour à la croissance de X_{BH}.

Tableau C.1 Les équations développées pour la population hétérotrophes

Variable	Expression	Numéro
X_{BH}	$X_{BH} = \dfrac{Y_H C_v}{\dfrac{1}{SRT} + b_H\,(1 - Y_H\,(1 - f_p))}$	C.1
OUR_{endhet}	$(1-fp)(1-Y_h)b_h X_{BH} + (1-fp)(1-Y_h)b_A X_{BA}$	C.2
S_s	$S_s = \dfrac{K_s(1 + SRT b_H)}{\mu_{BHm} SRT - (1 + SRT b_H)}$	C.3

Annexe D

Les dérivées des équations

Dérivée relative à chaque variable d'états, en se basant sur les équations en régime permanent

$$X_{BA} = \frac{\dfrac{1}{HRT}\,(S_{NHe})}{((\dfrac{1}{Y_A}+i_{XB})(b_A+\dfrac{1}{SRT})-(i_{XB}-f_{P}i_{XP})b_A)}$$

$\dfrac{dX_{BA}}{dSRT}$	$\dfrac{\dfrac{S_{NHe}}{HRT}\dfrac{(1/Y_A+i_{XB})}{SRT^2}}{((\dfrac{1}{Y_A}+i_{XB})(b_A+\dfrac{1}{SRT})-(i_{XB}-f_{P}i_{XP})b_A)^2}$
$\dfrac{dX_{BA}}{dHRT}$	$\dfrac{-\dfrac{S_{NHe}}{HRT^2}}{(\dfrac{1}{Y_A}+i_{XB})(b_A+\dfrac{1}{SRT})-(i_{XB}-f_{P}i_{XP})b_A}$
$\dfrac{dX_{BA}}{dY_A}$	$\dfrac{\dfrac{S_{NHe}}{HRT}\,(1/Y_A+f_{P}i_{XP})}{((\dfrac{1}{Y_A}+i_{XB})(b_A+\dfrac{1}{SRT})-(i_{XB}-f_{P}i_{XP})b_A)^2}$
$\dfrac{dX_{BA}}{db_A}$	$\dfrac{\dfrac{S_{NHe}}{HRT}\,(1/Y_A+f_{P}i_{XP})}{((\dfrac{1}{Y_A}+i_{XB})(b_A+\dfrac{1}{SRT})-(i_{XB}-f_{P}i_{XP})b_A)^2}$
$\dfrac{dX_{BA}}{di_{XB}}$	$\dfrac{-\dfrac{S_{NHe}}{HRT\,SRT}}{((\dfrac{1}{Y_A}+i_{XB})(b_A+\dfrac{1}{SRT})-(i_{XB}-f_{P}i_{XP})b_A)^2}$
$\dfrac{dX_{BA}}{di_{XP}}$	$\dfrac{-\dfrac{S_{NHe}}{HRT}\,f_{P}i_{XP}}{((\dfrac{1}{Y_A}+i_{XB})(b_A+\dfrac{1}{SRT})-(i_{XB}-f_{P}i_{XP})b_A)^2}$
$\dfrac{dX_{BA}}{df_P}$	$\dfrac{-\dfrac{S_{NHe}}{HRT}\,i_{XP}b_A}{((\dfrac{1}{Y_A}+i_{XB})(b_A+\dfrac{1}{SRT})-(i_{XB}-f_{P}i_{XP})b_A)^2}$
$\dfrac{dX_{BA}}{dS_{NHe}}$	$\dfrac{\dfrac{1}{HRT}}{((\dfrac{1}{Y_A}+i_{XB})(b_A+\dfrac{1}{SRT})-(i_{XB}-f_{P}i_{XP})b_A)}$

$$X_{ND} = \frac{\left(i_{XB}-f_p i_{XP}\right)\left(b_A X_{BA}+b_h X_{BH}\right)}{\dfrac{1}{SRT}+\dfrac{K_h}{K_x}}$$

$\dfrac{dX_{ND}}{dSRT}$	$\dfrac{(i_{xb}-f_p i_{xp})\,(b_h X_{BH}+b_A X_{BA})}{(k_h/(k_x+X_s/X_{BH})+1/SRT)^2\,/SRT^2}$
$\dfrac{dX_{ND}}{db_h}$	$\dfrac{(i_{XB}-f_p i_{XP})X_{BH}}{(kh/(kx+Xs/X_{BH})+1/SRT)}$
$\dfrac{dX_{ND}}{dk_h}$	$-\dfrac{(i_{XB}-f_p i_{XP})(b_h X_{BH}+b_A X_{BA})}{(k_x/(k_x+X_s/X_{BH})+1/SRT)^2(k_x+X_s/X_{BH})}$
$\dfrac{dX_{ND}}{db_A}$	$\dfrac{(i_{xb}-f_p i_{xp})X_{BA}}{kh/(kx+Xs/X_{BH})+1/SRT}$
$\dfrac{dX_{ND}}{di_{XB}}$	$\dfrac{(b_h X_{BH}+b_A X_{BA})}{(k_h/(k_x+X_s/X_{BH})+1/SRT)}$
$\dfrac{dX_{ND}}{di_{XP}}$	$-\dfrac{f_p(b_h X_{BH}+b_A X_{BA})}{(k_h/(k_x+X_s/X_{BH})+1/SRT)}$
$\dfrac{dX_{ND}}{dfp}$	$\dfrac{-i_{XP}(b_h X_{BH}+b_A X_{BA})}{(k_h/(k_x+X_s/X_{BH})+1/SRT)}$
$\dfrac{dX_{ND}}{dX_{BA}}$	$\dfrac{(i_{XB}-f_p i X_P)b_A}{k_h/(kx+Xs/X_{BH})+1/SRT}$
$\dfrac{dX_{ND}}{dk_x}$	$\dfrac{(i_{XB}-f_p i X_P)(b_A X_{BA}+b_h X_{BH})}{k_h/(kx+Xs/X_{BH})+1/SRT)^2}\;\dfrac{k_h}{(kx+X_s/X_{BH})^2}$
$\dfrac{dX_{ND}}{dX_{BH}}$	$\dfrac{(i_{xb}-f_p i_{xp})b_h}{(k_h/(k_x+Xs/X_{BH})+1/SRT)}-(i_{XB}-f_p i x_P)(b_h X_{BH}+b_A X_{BA})/$ $1/SRT)^2(k_h/(k_x+X_s/X_{BH})^2 X_s/X_{BH}^2$
$\dfrac{dX_{ND}}{dX_s}$	$\dfrac{(i_{xb}-f_p i_{xp})(b_h X_{BH}+b_A X_{BA})}{(k_h/k_x+X_s/X_{BH})+1/SRT)^2}(k_h/k_x+X_s/X_{BH})^2/X_{BH}$

$$S_{NO} = \frac{(1+b_A SRT)}{Y_A\, C_F}\, X_{BA}$$

$\dfrac{dS_{NO}}{dSRT}$	$-\dfrac{\frac{1}{SRT^2}}{Y_A}\, HRT\, X_{BA}$
$\dfrac{dS_{NO}}{dHRT}$	$-\dfrac{\frac{1}{SRT}+b_A}{Y_A}\, X_{BA}$
$\dfrac{dS_{NO}}{dY_A}$	$-\dfrac{\frac{1}{SRT}+b_A}{Y_A^{2}}\, HRT\, X_{BA}$
$\dfrac{dS_{NO}}{db_A}$	$\dfrac{1}{Y_A}\, HRT\, X_{BA}$
$\dfrac{dS_{NO}}{dX_{BA}}$	$\dfrac{(\frac{1}{SRT}+b_A)HRT}{Y_A}$

$$X_P = f_P\,(b_A\, X_{BA} + b_h\, X_{BH})\, SRT$$

$\dfrac{dX_P}{dSRT}$	$f_P(b_h X_{BH}+b_A X_{BA})$
$\dfrac{dX_P}{db_h}$	$f_P X_{BH} SRT$
$\dfrac{dX_P}{db_A}$	$f_P X_{BA} SRT$
$\dfrac{dX_P}{df_P}$	$b_h X_{BH}+b_A X_{BA}$
$\dfrac{dX_P}{dX_{BA}}$	$f_P b_A SRT$
$\dfrac{dX_P}{dX_{BH}}$	$f_P b_h SRT$

Annexe E

E1 Les résultats de respirométrie en phase endogène avant et après ajout d'un
inhibiteur

Les analyses respirométriques faites durant le suivi de l'activité de biomasse pour
les jours 20, 40, 45 95, 115 et 120. Les courbes obtenues sont données en dessous.
Un échantillon de boues est mise sous aération prolongées, un volume est pris pour
la respirométrie avec et sans inhibiteur. Le protocole est expliqué en détail dans le
chapitre matériel et méthode (section II.5). La flèche désigne l'injection d'inhibiteur.

Jour 20

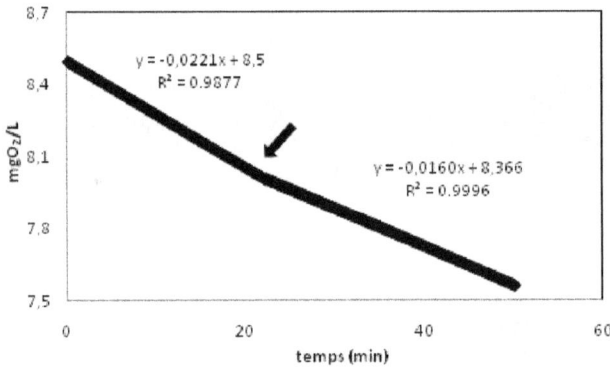

Jour 40

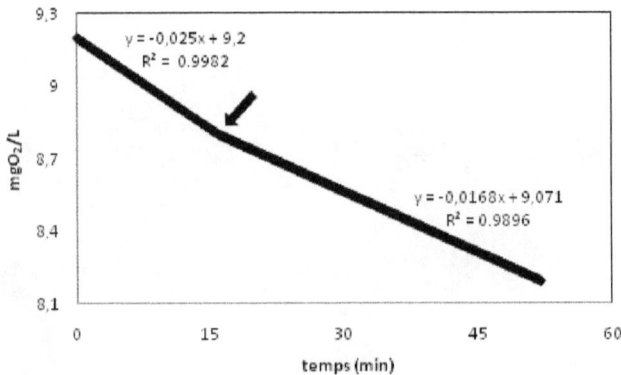

Jour 45

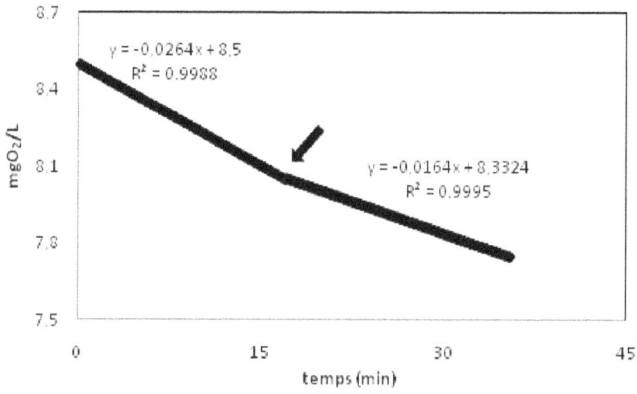

$y = -0.0264x + 8.5$
$R^2 = 0.9988$

$y = -0.0164x + 8.3324$
$R^2 = 0.9995$

mgO$_2$/L

temps (min)

Jour 95

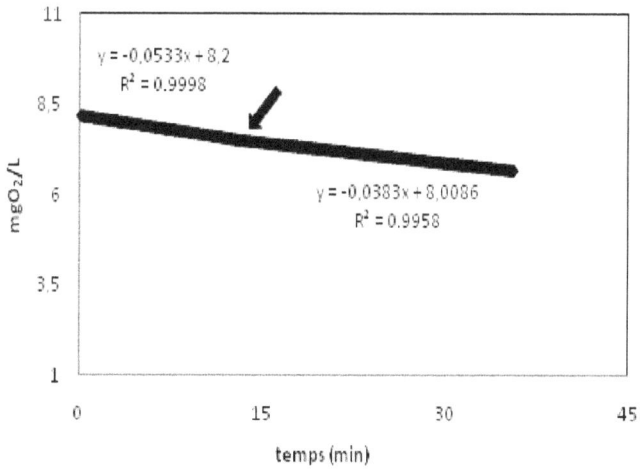

$y = -0.0533x + 8.2$
$R^2 = 0.9998$

$y = -0.0383x + 8.0086$
$R^2 = 0.9958$

mgO$_2$/L

temps (min)

Jour 115

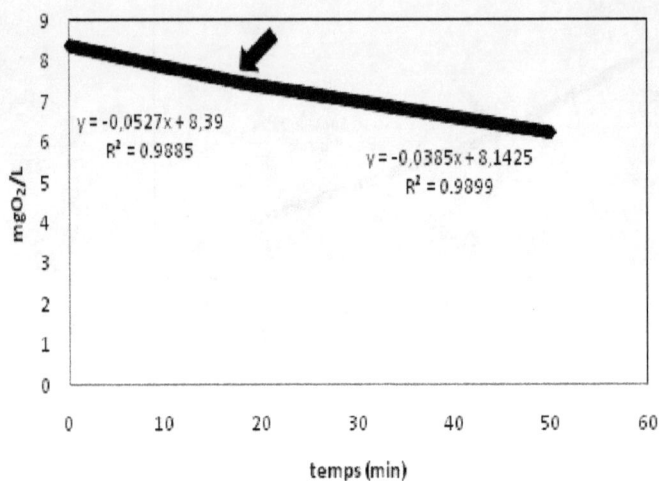

y = -0,0527x + 8,39
R² = 0.9885

y = -0,0385x + 8,1425
R² = 0.9899

mgO₂/L

temps (min)

Jour 120

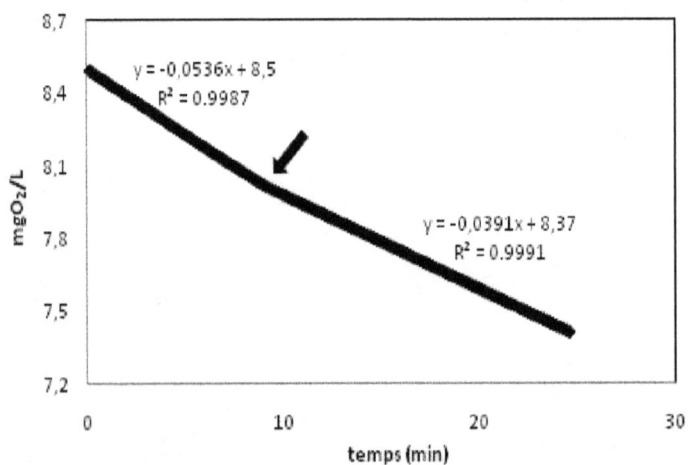

y = -0,0536x + 8,5
R² = 0.9987

y = -0,0391x + 8,37
R² = 0.9991

mgO₂/L

temps (min)

De la même façon un injection des inhibiteurs ont été faites sur les boues de deux
station A et B soumises à une aération prolongée. Le résultats de ces deux micro-
injections est donnée sur les courbes ci-après.

Station A

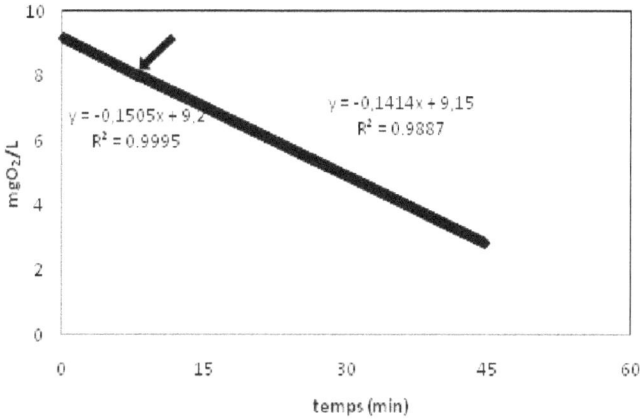

Station B

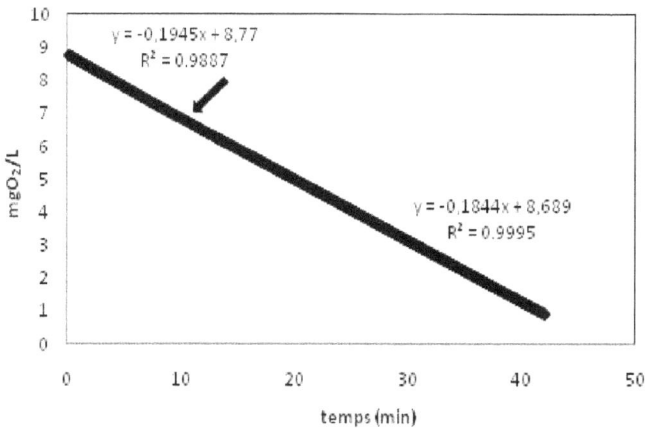

La vitesse maximale et l'OUR$_{exMax}$ sont aussi déterminés pour la station A et B. Les
courbes obtenus sont mentionnées en dessous.

Station A

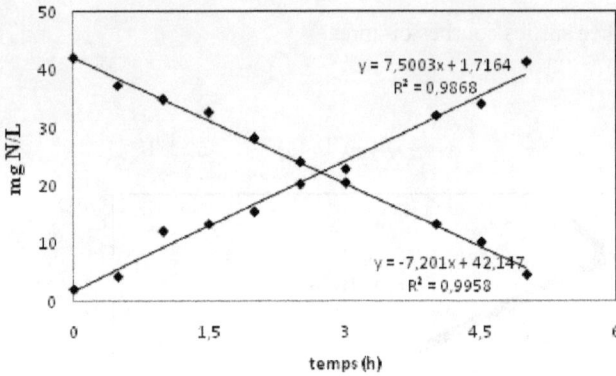

Figure E.1 Evolution des formes azotées durant la station A.

Le rSNHmax obtenu est de 7,2 mgN/L/h. Le suivis de l'OUR en fonction du temps a permis de déterminer l'OUR$_{exMax}$ correspondant. (Figure E.2).

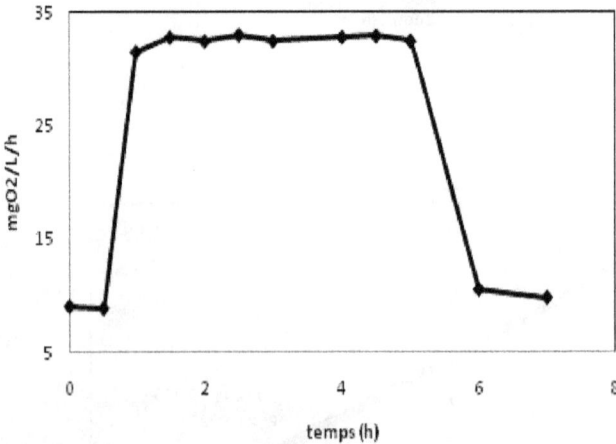

Figure E.2 Evolution des L'OUR en fonction du temps pour la station A.

Même démarche est appliquée pour la station B. Les courbes E.3 et E.4 donne respectivement l'évolution des formes azotées (rSNHmax) et l'OUR en fonction du temps (OUR$_{exMax}$)

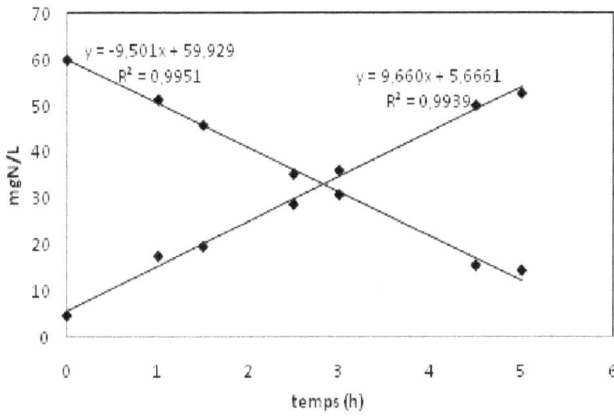

Figure E.3 Evolution des formes azotées durant la station B.

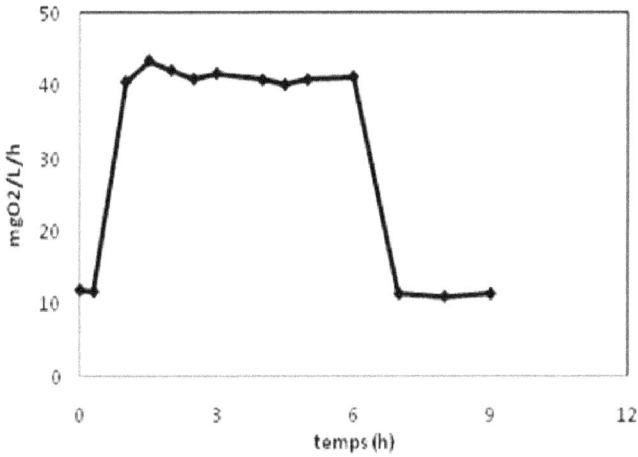

Figure E.4 Evolution des L'OUR en fonction du temps pour la station B.

www.ingramcontent.com/pod-product-compliance
Lightning Source LLC
Chambersburg PA
CBHW021048210326
41598CB00016B/1130